U0182843

Java语言程序设计

张海平　夏　涛　王　欣　周梦熊　韩建平　等主编

ZHEJIANG UNIVERSITY PRESS

浙江大学出版社

·杭州·

图书在版编目（CIP）数据

Java语言程序设计 / 张海平等主编 . — 杭州 ：浙
江大学出版社，2024.2
　ISBN 978-7-308-24550-0

　Ⅰ. ①J… Ⅱ. ①张… Ⅲ. ①JAVA语言—程序设计
Ⅳ. ①TP312.8

　中国国家版本馆CIP数据核字(2024)第012777号

Java 语言程序设计
Java YUYAN CHENGXU SHEJI

张海平　夏　涛　王　欣　周梦熊　韩建平　等主编

责任编辑	吴昌雷
责任校对	王　波
封面设计	林智广告
出版发行	浙江大学出版社
	(杭州市天目山路148号　邮政编码310007)
	(网址：http://www.zjupress.com)
排　　版	杭州晨特广告有限公司
印　　刷	杭州捷派印务有限公司
开　　本	787mm×1092mm　1/16
印　　张	15.5
字　　数	397千
版 印 次	2024年2月第1版　2024年2月第1次印刷
书　　号	ISBN 978-7-308-24550-0
定　　价	46.00元

版权所有　侵权必究　印装差错　负责调换

浙江大学出版社市场运营中心联系方式：0571-88925591；http://zjdxcbs.tmall.com

前　言

现代互联网的发展使Java语言成为近年来最流行的编程语言之一,同时Java语言的对互联网的影响也意义深远。在经历了几十年的发展与成长之后,如今Java语言已被广泛应用于移动Android App开发、桌面应用程序、Web应用程序、分布式系统和嵌入式系统应用程序等各个领域的软件开发中。

本书是一本讲解Java语言基础知识为主的教材,不仅详细介绍了Java语言本身,也用案例方式介绍了面向对象的设计思想、注解与测试、并发编程、集合、反射等使用开发技术。为了全面贯彻习近平新时代中国特色社会主义思想和党的二十大精神,本教材加入了课程思政元素。开发集成环境采用IDEA作为Java编程语言开发的集成环境。IDEA全称IntelliJ IDEA,在业界被公认为最好的Java开发工具。通过本书的学习,读者可以掌握Java面向对象编程的思想和相关技术。

本书由张海平、夏涛、王欣、周梦熊、韩建平主编,沈静、叶岩明、吴昊、李俊卿(杭州有赞科技有限公司)、沈超(上海中电电子系统科技股份有限公司)参与了编写。配套视频主要由沈静、王欣、周梦熊、刘艳梅(武汉设计工程学院)、李光远(重庆文理学院)录制。

本教材在出版时,得到杭州电子科技大学信息工程学院教务处的鼓励和资助,还得到浙江大学出版社领导以及相关编辑的大力支持,在此一并表示最真诚的谢意。另外,本教材在编写过程中引用了一部分可公开获得的技术材料,在此对相关作者一并表示诚挚的感谢。本教材虽经几次修改,但由于编者能力所限,不足之处在所难免,敬请专家读者批评指正。

编者

2023.11

目　录

第1章

Java 程序设计概述

1.1　Java 语言简介

1.1.1　程序与程序设计语言

20世纪30年代中期,美籍匈牙利科学家冯·诺依曼提出了存储程序与程序控制的计算机基本原理,从而奠定了现代计算机技术的基础。存储程序是指事先把程序及运行中所需的数据,输入并存储在计算机的内存中。程序控制是指计算机运行时自动地逐一取出程序中的一条条指令,加以分析并执行规定的操作。程序是什么? 一般所说的程序,比如运动会的程序、音乐会的程序等,指的是事情安排的先后次序。为了使计算机能完成某一任务,人们预先把动作步骤用一系列指令表达出来,这个指令序列就称为程序。

指令是指示计算机执行某种操作的命令。计算机的指令系统是一台计算机所能执行的各种不同类型指令的集合,反映了计算机的基本功能。一个指令对应一个最基本的操作,如实现一个加法运算或实现一个数据的传送操作。虽然指令系统中指令的个数很有限,每个指令所能完成的功能也只是非常基本的操作,但一系列指令的组合却能完成许多很复杂的功能,这也正是计算机奇妙之所在。

程序是计算机的灵魂,没有程序,计算机可以说是一堆废物。计算机首先要求人们在程序设计上付出大量的创造性劳动,然后才能享受到它提供的服务。为计算机编制程序是一种具有挑战性和创造性的工作。自计算机问世的几十年来,人们一直在研究设计各种各样的程序,使计算机完成各种各样的任务。

人类的自然语言是人与人交流的工具,程序设计语言包含向计算机描述计算过程所需的词法和语法规则。它的主要用途是由人来给计算机编写工作顺序。编写程序的过程称为"程序设计"。从计算机问世至今,人们一直在为研制更好的程序设计语言而努力着。程序设计语言的数量在不断激增,目前已问世的程序设计语言成千上万,但其中只有极少数得到了人们的广泛认可。程序设计语言经历了由低级到高级的发展过程,一般分为机器语言、汇编语言和高级语言。

1.机器语言

机器语言是最原始的程序设计语言。机器语言提供了一组二进制形式的机器指令,每个机器指令能让计算机完成一个基本的操作,机器指令及其含义是由计算机硬件的设计者定义的。用机器语言编写的程序,可以被计算机直接识别和执行。由于不同类型计算机系统的机器语言一般有所不同,为一种机器编写的程序不能直接在另一种机器上运行。

用机器语言编写程序是一种非常枯燥而烦琐的工作,要记住每一条指令的二进制代码与含义非常困难,要阅读和理解机器语言程序同样非常困难。

2.汇编语言

汇编语言用符号来表示机器指令的运算符与运算对象,例如用“ADD”来代替“1010”表示加法操作,用“MOVE”来代替“0100”表示数据传送。用汇编语言编写的程序需要经过专门的翻译程序的处理,将汇编语言指令逐条翻译成相应的机器指令后才能执行。虽然汇编语言在一定程度上克服了机器语言难以阅读和记忆的缺点,但对大多数用户来说,理解和使用仍然是很困难的。

汇编语言和机器语言都属于低级语言,其缺点是依赖于机器,在可移植性、可读性、可维护性方面无法与高级语言相比。

3.高级语言

高级语言与人们所习惯的自然语言、数学语言比较接近,与低级语言相比,具有自然直观、易学易用等优点。目前比较流行的高级语言有 Java、C、C++、Python、PHP 等,这些语言具有各自不同的特色、侧重点和适用领域,存在一定的差异。不过,高级程序设计语言本质上是相通的,掌握了一门经典语言之后,再学习其他语言会非常容易。

用高级语言编写的程序不能直接被计算机执行。每种高级语言都有自己的语言处理程序,语言处理程序的功能是将用高级语言编写的程序转换成计算机能直接执行的机器语言程序。转换方式有两种,即解释方式和编译方式。在解释方式下,解释程序逐个语句地读取源程序,将语句解释成机器指令并提交给计算机硬件执行。这类似于新闻发布会中的翻译,演讲者讲一句,翻译者翻译一句。在编译方式下,语言处理程序将源程序文件一次翻译成计算机系统可以直接执行的机器指令程序文件。

目前比较流行的程序设计语言中,C 语言采用编译方式,BASIC 语言采用解释方式。Java 语言是一种比较特殊的高级语言,它采用的形式为先编译,再解释的执行方式。也就是先把 Java 语言的源程序编译成字节码程序,然后在运行时由 Java 解释器对字节码程序进行解释执行。

1.1.2 Java 语言的发展

1996 年 1 月,Sun 公司发布了 Java 的第一个开发工具包(JDK 1.0),这是 Java 发展历程中的重要里程碑,标志着 Java 成为一种独立的开发语言。9 月,约 8.3 万个网页应用了 JavaWeb 技术来制作。

1999 年 6 月,Sun 公司发布了第二代 Java 平台(简称为 Java 2)的 3 个版本:J2ME(Java 2 Micro Edition,Java 2 平台的微型版),应用于移动、无线及有限资源的环境;J2SE(Java 2 Standard Edition,Java 2 平台的标准版),应用于桌面环境;J2EE(Java 2 Enterprise Edition,

Java 2平台的企业版),应用于基于Java的应用服务器。Java 2平台的发布,标志着Java的应用开始普及。2005年6月,J2EE、J2SE和J2ME分别更名为JavaEE、JavaSE和JavaME。2009年4月,甲骨文公司通过收购Sun公司获得Java的版权。2014年,甲骨文公司发布了Java 8。2017年,甲骨文公司发布了JDK 9。2018年3月和9月,甲骨文公司陆续发布了JDK 10和JDK 11。从2019年开始,每年的3月和9月该公司都会陆续发布2个版本,2023年3月发布JDK 20。

由于符合了Internet时代的发展要求,Java语言获得了巨大的成功,已经成为软件开发领域内最流行的开发语言之一,近几年市场对Java程序开发人才的需求一直很旺盛。TIOBE编程语言排行榜是反映程序设计语言当前流行程度的一个指标,该排行榜每月更新一次。在该榜单上,Java语言多年来大多位于第一名。

1.1.3　Java语言的特点

Java是一种基于面向对象的程序设计语言,具有简单易学、安全性、平台无关性、多线程机制、面向对象等特点。

Java语言相对简单易学。Java的语法和C++非常相似,但是它摒弃了C++中很多低级、困难、容易混淆、容易出错或不经常使用的功能,例如运算符重载、指针运算、程序的预处理、结构体、多重继承,与经典的程序设计语言C++相比,Java简单易学多了。

Java语言具有较好的安全性。一方面,指针和释放内存等功能被Java摒弃,从而避免了非法内存操作的可能性;另一方面,Java程序在执行过程中会经过多次监测。首先必须经过字节码校验器的检查,然后Java解释器将决定程序中类的内存布局,随后,Java类装载器负责把来自网络的类装载到单独的内存区域,避免程序之间相互干扰。此外,用户还可以限制来自网络的类对本地文件系统的访问。

平台无关性是Java语言的最重要的特性。所谓平台,是指程序运行的硬件和软件环境。一般的高级语言程序,如果要在不同的平台上运行,需要编译成不同的可执行代码。而Java语言允许编程者一次性编写的程序代码,可以在不同的平台上运行。从IBM的大型机到Sun公司的Unix服务器,再到Windows PC机,甚至在移动电话和嵌入式系统上Java程序都能运行,且不需要针对每个计算机硬件和操作系统配置的不同而改动程序代码。

Java虚拟机(Java Virtual Machine,JVM)是实现平台无关性的关键。Java虚拟机是由Java系统提供的一个软件,其任务是执行Java程序。编译系统先对Java源程序进行编译处理,生成一种与平台无关的字节码程序(也就是.class文件)。这种字节码程序本身并不能直接在计算机系统上运行,而必须通过JVM来解释执行。因此,一般认为Java语言既不是纯粹的编译型语言,也不是纯粹的解释性语言。

目前各种类型的计算机系统基本都有各自对应的Java虚拟机,负责将Java字节码程序转换为对应平台计算机的机器码,从而可以执行。正是Java虚拟机,使得Java程序一次编译之后,便能在不同硬件和操作系统的平台上执行。之所以被称为虚拟机,是因为并没有某个计算机系统可以直接执行Java程序,而是依赖Java虚拟机这样一个软件,将计算机变成一个可以执行Java程序的虚拟计算机。

高级程序设计语言经历了从面向过程到面向对象的发展。面向对象技术较好地解决了面向过程的软件在开发中出现的种种问题,比原有的面向过程的语言有更好的可维护性、可重用性和可扩展性,有利于提高程序的开发效率。C++从C发展而来,具备了面向对象的特征,也保留着对C的兼容。Java是一种较为纯粹的面向对象的程序设计语言。

1.2　Java程序的开发环境

1.2.1　JDK

JDK(Java Development Kit)是Java语言的软件开发工具包,主要用于移动设备、嵌入式设备上的Java程序。JDK是整个Java开发的核心,它包含了Java的运行环境和Java工具。JDK可以划分为Java SE、Java EE、Java ME。

(1)Java SE,即Java Standard Edition,为创建和运行Java程序提供了最基本的环境,是Java技术的核心和基础,适用于桌面系统的Java平台标准版。

(2)Java EE,即Java Enterprise Edition,为基于服务器的分布式企业应用提供开发和运行环境。

(3)Java ME,即Java Micro Edition,为嵌入式应用提供开发和运行环境。

JDK是个免费软件,可以直接去官网(http://www.oracle.com/technetwork/java/index.html)下载JDK11版本。不同操作系统所对应的JDK是不同的,下载时应注意选择正确的操作系统下的JDK版本。Windows操作系统上的JDK安装程序是一个EXE文件,直接运行该程序即可安装,在安装过程中可以选择安装路径以及安装的组件等,如果没有特殊要求,选择默认设置即可,程序默认的安装路径在C:\Program Files\Java文件夹中。

1.2.2　IDEA集成开发环境

IntelliJ IDEA 是由 JetBrains 公司开发的高效智能的集成开发工具,JetBrains针对个人开发者及企业组织提供不同的授权方式,它可以极大地提升开发效率。可以自动编译,检查错误。

IDEA集成
环境

IntelliJ IDEA安装程序可以从其官方网站上下载,地址为:https://www.jetbrains.com/idea/download。IDEA是一个使用Java语言开发的工具软件,所以在安装IDEA以前,一定要安装和配置JDK。

图1-1　创建Java项目1

安装完成以后,双击 IntelliJ IDEA.exe(以 Windows 系统为例)或者对应的快捷方式图标,就可以启动 IDEA 集成开发环境。下面介绍 IDEA 的基本使用方法。

1.创建项目(Project)

要创建一个新项目,打开集成开发工具,选择菜单项 Create New Project,来启动新项目创建向导(如图 1-1 所示)。在窗口中 Project name 处键入项目名称(例如:myproj,如图 1-2 所示),然后点击 Finish 按钮完成项目的创建。

图 1-2 创建 Java 项目 2

2.创建 Java 程序

项目创建完毕后就可以在这个项目中创建程序了。一个 Java 项目中可以包含多个程序文件,创建源程序文件的步骤是:首先选择 src 右键->New->Java Class 命令,弹出 New Java Class 对话框(如图 1-3 所示)。然后在文本框处输入类名(例如:Hello),点击 Finish 按钮,就可以创建 Java 程序(Hello.java)。

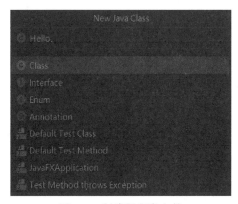

图 1-3 创建源程序文件

3.编辑、保存源程序文件

IDEA 会自动编译该代码,如果有语法错误,则以红色波浪线进行提示。

4.运行程序

右键选择 Run 命令,如图 1-4 所示,运行程序。

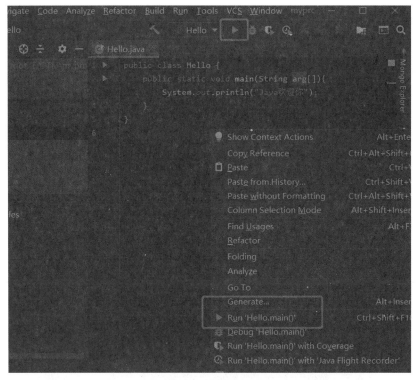

图 1-4　程序编辑运行

运行结果,如图 1-5 所示。

图 1-5　程序运行结果

1.3 如何使用 GitHub

1.3.1 GitHub 简介

GitHub 是一个面向开源及私有软件项目的托管平台,因为只支持 Git 作为唯一的版本库格式进行托管,故名 GitHub。GitHub 可以托管各种 Git 库,并提供一个 Web 界面,但与其他像 SourceForge 或 Google Code 这样的服务不同,GitHub 的独特卖点在于从另外一个项目进行分支的简易性。

1.3.2 如何使用 GitHub

GitHub 的使用

1.Gitee 库的创建

首先进入官网注册一个账号,并且验证邮箱,密码登录。进入首页可以创建属于自己的仓库,点击新建仓库按钮,跳转页面依次填入相关信息,如图 1-6 所示。

图 1-6 仓库创建

2.IDEA 如何连接 Gitee

第一步:公钥配置,进行身份验证,安装 Git,打开 IDEA 开发工具,点击 File→Settings→Version Control→Git→找到安装的 git.exe 文件,如图 1-7 所示。

第二步:安装 Gitee 插件,打开 IDEA→右键 File→Settings→Plugins→在中间搜索框中搜索"Gitee"→点击中部右上角的"Marketplace"→点击"Install"→安装完成后重启。

第三步:IDEA 中登录 Gitee 账号,重启 IDEA→右键 File→Settings→Version Control→Gitee(与 Git 并齐,没有的话说明安装失败)→点击"add account"第一次添加是蓝色的→输入账号和密码→log In→添加成功→apply→ok。

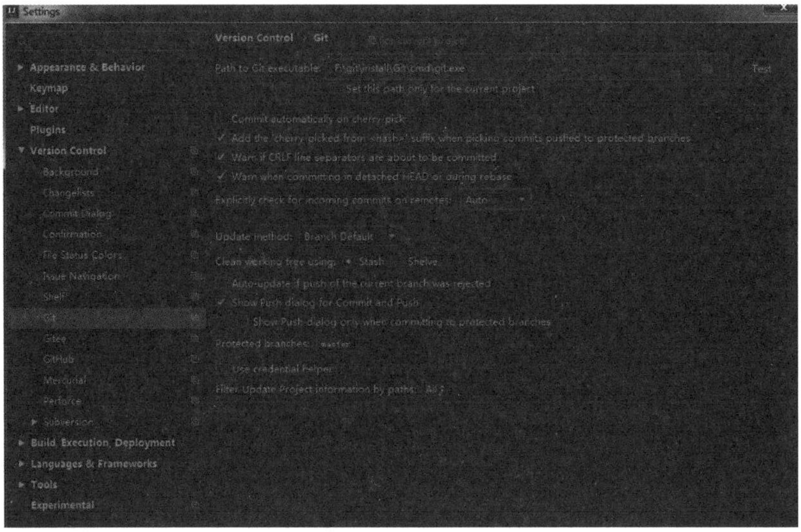

图 1-7　Git 连接 IDEA

3.IDEA 提交代码上传到 Git 过程

第一步:提交到暂存区,右键项目名文件→Git→Add。

第二步:提交到本地仓库,右键项目名文件→Git→Commit Directory→选择提交的文件→commit。

第三步:推送(提交到远程仓库),右键项目名文件→Git→Repository→push。

4.IDEA 如何拉取 Gitee 上的代码保存在本地

右键项目名文件→Git→Repository→Pull。

习题一

一、选择题

(1)Java 语言与 C++语言相比,最突出的特点是(　　)

A.面向对象　　　　　　B.高性能　　　　　　C.有类库　　　　　　D.跨平台

(2)在编程时添加注释语句,会使编译之后生成的程序文件长度(　　)

A.不变　　　　　　　　B.变大　　　　　　　C.变小　　　　　　　D.不一定

(3)Java 源文件的扩展名为(　　)

A.class　　　　　　　　B.java　　　　　　　C.jar　　　　　　　　D.App

(4)Java 编译器产生的文件扩展名必须是(　　)

A.class　　　　　　　　B.java　　　　　　　C.jar　　　　　　　　D.App

(5)Java 的平台无关性是指(　　)

A.Java 源程序的执行不需要平台支持

B.Java 源程序可以不经过修改直接在各种环境中运行

C.Java 源程序经过编译产生的执行文件,其执行不需要平台支持

D.Java 源程序经过编译产生的执行文件,可以不经过修改直接在各种环境中运行

（6）Java应用程序中的main方法参数的正确形式是（　　　）

A.String　args   B.String　args[]

C.Char　arg   D.StringBuffer　args[]

二、简答题

（1）在Git中提交的命令是什么？

（2）Git　Config的功能是什么？

（3）如何在Git中创建存储库，Git中的存储库是什么？

三、编程题

编写程序，在屏幕上显示如下信息：

```
***************************
        业精于勤荒于嬉，
        行成于思毁于随。
***************************
```

第2章

Java 语言基础

2.1 标识符和关键字

自然语言是从基本字符开始,由特定的词法构成词汇,然后经由特定的句法组合成语句,语句可以表示一个完整的含义。由多条语句的组合形成段落,可以描述一个精彩纷呈的故事。

编程语言也是如此,标识符和关键字是程序中的词汇,关键字是由 Java 语言本身定义的、被赋予了特殊含义的单词,而标识符是程序员在程序中自定义的一些符号和名称,用于给 Java 程序中的变量、类、方法等元素命名。

例 2-1 求圆的面积。

【程序】

```java
public class Main{
    public static void main(String args []){
        double r = 8;
        double area;
        area = 3.14 * r * r;
        System.out.print(area);
    }
}
```

【程序运行】

```
200.96
```

2.1.1　关键字

关键字也称为保留字,每个关键字在Java语言中具有各自特定的意义。例2-1程序中的public、class、void、int、double等都是关键字。

Java语言所提供的关键字一共有48个(如表2-1所示),每个关键字形式上都是小写的。这些关键字所代表的意义,在后面的章节中会逐步介绍。

表2-1　Java语言关键字

abstract	assert	boolean	break	byte	case
catch	char	class	continue	default	do
double	else	enum	extends	final	finally
float	for	if	implements	import	instanceof
int	interface	long	native	new	package
private	protected	public	return	strictfp	short
static	super	switch	synchronized	this	throw
throws	transient	try	void	volatile	while

2.1.2　标识符

标识符由程序员设定,用来作为程序中变量、数组、方法、类等程序元素的名字。在例2-1的程序中,Main是类的名字,r、area是变量的名字。

标识符定义时必须符合一定的规则:

(1)标识符可以由英文字母(A~Z,a~z)、数字、汉字、$ 、下划线_等字符组成,除此以外的其他字符不能出现在用户标识中。例如root2、$ hour、v_5都是合法的用户标识,而Tom@BJ或者Main.java不可以作为用户标识。

(2)标识符的首字符不可以是数字字符。例如,w6和m86都是合法的用户标识,而6w、86m等不可以作为用户标识。

(3)标识符不能与关键字同名,例如,void、double、int等关键字已经有专门的意义,因而都不能作为用户标识符。

(4)标识符是区分大小写的。例如Java程序中的name和Name是两个完全不同的标识符。

此外,用户标识符要尽可能见名知意,也就是通过变量名就知道变量值的含义。通常选择能表示数据含义的英文单词(或缩写)作变量名,或汉语拼音字头作变量名。这样可以提高程序的可读性,使程序更易于理解。例如,用sex或xb表示性别,用salary或gz表示工资。

Java中,除了包名、静态常量等特殊情况,大部分情况下标识符可使用驼峰法则,即单词之间不使用特殊符号分割,而是通过首字母大写来分割。比如:SupplierName、addNewContract,而不是supplier_name、add_new_contract。类名通常首字母采用大写,方法名、参数名和局部变量名首字母通常采用小写。

2.2　常量、变量与基本数据类型

Java语言程序中的数据有类型之分。每种数据类型的数据具有各自不同的存储格式、取值范围以及运算方式。Java的基本数据类型分为三大类,即:布尔型、字符型和数值型,而其中数值型又包含整型和浮点型。我们在编写程序时,应根据需要,选择合适的数据类型来表示数据。

程序处理的数据可以是常量,也可以是变量。程序运行过程中,常量的值不可发生变化,而变量的值可以被改变。不管常量还是变量,都有确定的数据类型,常量的数据类型取决于书写形式,变量的类型则要在变量使用之前,通过变量声明来指定。

2.2.1　基本数据类型

如表2-2所示,Java语言有8种基本数据类型。常常被划分为整型、浮点型、字符型、布尔型四大类。每种数据类型在取值范围、运算规则与表示精度方面有各自的特征。在编写程序时一般根据不同的需求选择不同的数据类型。

表2-2　基本数据类型

数据类型	特征
整型	byte(单字节,字节整型)
	short(2字节,短整型)
	int(4字节,普通整型)
	long(8字节,长整型)
浮点型	float(4字节,单精度浮点型)
	double(8字节,双精度浮点型)
字符型	char(字符型)
布尔型	boolean(布尔型)

1.整型

Java语言的整型具体分为4种:字节型(byte)、短整型(short)、普通整型(int)、长整型(long)。如表2-3所示,从byte、short、int到long,对应数据在内存中占用的空间越来越多,表示数据的范围越来越大。

最常用的整型是int,但有些数据可能超出了int的表示能力,就需要借助long型来表示。例如,全球人口大约为745016500人,这个数值超出了int型所能表示的最大数值($2^{31}-1$,即2147483647)。如果要表示比较小的数据,同时数据量大且希望控制存储空间的总量,可以考虑使用short类型或byte类型。

表2-3 整型数据占用空间与取值范围

类型	占用字节数	取值范围
byte	1	$-2^7 \sim (2^7-1)$
short	2	$-2^{15} \sim (2^{15}-1)$
int	4	$-2^{31} \sim (2^{31}-1)$
long	8	$-2^{63} \sim (2^{63}-1)$

2.浮点型

浮点型也就是实型,用于表示实数。Java中的浮点型有两种:单精度浮点型(float)和双精度浮点型(double)。计算机用一定长度的二进制串来表示实数,其精度和表示范围必然也是有限的,也就是说,包括十进制数0.1在内的许多实数是无法用二进制形式准确表示的。

表2-4给出 double 和 float 两种类型的数据所占用的空间和取值范围。double 类型比 float 类型具有更高的精度和更大的表示范围,同时占用更多的存储空间。这里精度用有效数字位数表示,对 double 型数据,其十进制形式的左边15位是准确的,后面则是不可靠的,对于 float 型数据,只有左边6位是准确的,后面是不可靠的。

一般情况下,建议使用 double 来表示实数。如果在表示大量实数时,有控制存储空间总量的需求,在精度和范围许可的情况下,可以选择使用 float 类型。

表2-4 浮点型数据占用空间和取值范围

类型	占用空间(字节)	表示范围	有效数字位数
float	4	$-3.402823 \times 10^{38} \sim 3.402823 \times 10^{38}$	6
double	8	$-1.797693 \times 10^{308} \sim 1.797693 \times 10^{308}$	15

3.字符型

Java用字符类型(char)来表示单个字母、数字字符、标点符号以及其他特殊字符。计算机内部采用编码的方式表示字符,Java语言使用的编码方案为 Unicode 码。每个字符型数据一般占用两个字节,也就是16个二进制位。一个汉字通常也可以表示为一个字符型数据。包含多个字符的姓名、地址等数据称为一个字符串,字符串的表示超出了Java基本数据类型的范畴,需要引入其他方式来表示。

4.布尔型

布尔类型(boolean)又称为逻辑类型,用于表示"真"或"假"状态的数据类型,对应两种取值:true 和 false。在后续章节,我们将学习分支和循环语句,其中表示条件的表达式都是布尔类型的数据。

2.2.2 常 量

顾名思义,常量有一个具体而明确的值,在程序执行过程中,不可能发生变化。程序中的每一个常量同样有具体而确定的类型,这完全取决于常量的书写形式,各种常量有各自不同的书写形式。

1.整型常量

整型常量有四种形式,分别是:十进制、八进制、十六进制,以及二进制。八进制整型常量以 0 开头,十六进制以 0x 或者 0X 开头,Java 7 版本新增了对二进制整数的支持,二进制整型常量以 0b 或者 0B 开头。

(1)十进制整型常量。由 0~9 的数字序列组成,自左向右的第一个数字不可以是 0。可以用"+"或"-"表示正数或负数,当然"+"是可以缺省的。

76、-432、+5 都是合法的十进制整型常量,076 则不是十进制整型常量,而是八进制整型常量。

(2)八进制整型常量。由正、负号和 0~7 组成,第一个数字必须是 0。例如:077、0132、-025 是八进制整型常量,相当于十进制整型常量 63、90 和-21,而 078 是非法的常量,因为其中出现了八进制的非法数字。

(3)十六进制整型常量。由正、负号和 0~9、a~f 或 A~F 组成,有前缀 0x。例如:0x168、-0xf9 是十六进制整型常量,相当于十进制整型常量 360、-249。

(4)二进制整型常量。由正、负号和 0、1 组成,有前缀 0b(或 0B)。例如:0b11110、-0b101 是二进制整型常量,相当于十进制整型常量 30、-5。

任何一个整数都可以用四种形式来表示。例如 15、017、0xF、0B1111 形式不同,但数值是相等的。程序的整型常量通常采用十进制形式,在某些场合下(比如,涉及二进制位操作),用八进制、十六进制或二进制形式,更加直观一点。

我们知道,整型可分为 byte、short、int 和 long 四种。要判断一个整型常量具体属于哪一种,首先根据其后的字母后缀,后缀 l 或 L 表示 long 型常量,如-32l、2L。

如果整数后没有出现这样的后缀,其类型就取决于常量数值的大小,如 0、127 是 byte 型,128、32767 是 short 型,32768、2147483647 是 int 型。

而 2147483648 是一个非法的整型常量,超出了 int 型的表示范围。需要表示为 2147483647L。

2. 浮点型常量

浮点型常量有两种形式,一种是十进制小数形式,另一种是指数形式。

(1)十进制小数形式。由数字和小数点组成,例如:+10.625、-5.2、0.0、0.666、5467.5 都是合法的浮点型常量,-2.、0.0、5. 也是合法的浮点型常量。

(2)指数形式。类似于科学计数法,通常被用来以紧凑的方式表示非常大和非常小的值。它由正号、负号、数字和字母 e(或 E)组成,e 是指数的标志,在 e 的前面要有数据,e 之后的指数只能是整数。例如:

1625.0 可以写成 1.625E3,0.00731 可以写成 7.31E-3。

而 0.2E2.3 和 E-5 是非法的表示形式。

指数表示法适用于绝对值非常小或非常大的浮点数值。

浮点型常量在默认情况下是 double 类型,也可以在数字后附加 d 或 D 来表示 double 类型,如果要表示 float 类型常量,可以在数字后附加 f 或 F。

例如:

3.14159、3.14159d 和 3.14159D 是 double 型常量。

3.14159f 和 3.14159F 是 float 型常量。

3. 字符型常量

字符型常量是由单引号括起的单个字符,如:'a'、'6'、'M'、'&'、'中'。每个字符型常量使用 Unicode 编码,占 2 个字节的内存。字符型常量只能是一个字符,如'XY'是非法的。字符型常量区分大小写字母,如'F'和'f'是两个不同的字符常量。这里的单引号仅起到字符常量的边界符的作用,并不是字符常量的一部分。需要注意的是,单引号和双引号在此是不可混用的,单引号表示一个字符,而双引号表示包含单个字符的字符串。

有些字符,如换行、退格等,它们无字形表示,需要采用特殊的形式——转义字符来表示。转义字符由反斜杠跟上一个字符或数字组成,它把反斜杠后面的字符或数字转换成别的意义。例如'\n'表示换行,'\b'表示向后移一个空格。表2-5列出了常见的转义字符。

表2-5 转义字符

转义字符	含 义
\0	空字符
\b	退格符
\n	换行符
\r	回车符
\t	水平制表符
\x	十六进制数
\\	反斜杠字符
\'	单引号
\"	双引号
\ddd	八进制数
\xhh	十六进制

4.布尔型常量

布尔型常量只有两个值:true 和 false。

2.2.3 变 量

变量在程序中用于存放数据。每个变量需要有一个名字,属于一个确定的数据类型,再占据一定的存储空间用来存放数据,这个数据也就是变量的值。在程序运行过程中,变量的值可以改变。

1.变量的声明

在使用变量之前,必须先声明其类型。变量声明的作用是为变量指定一个名字和数据类型。在 Java 程序中,变量声明的基本形式是:

数据类型 变量名

例如:

```
int weight, age;      //声明两个整型变量 weight, age
double area;          //声明一个双精度实型变量 area
boolean flag;         //声明一个布尔型变量 flag
char ch;              //声明一个字符型变量 ch
```

数据类型可以是 byte、short、int、long、char、float、double、boolean 这 8 种基本数据类型。变量名表可以只有一个变量名,也可以包含多个变量名。如果是多个变量名,不同变量名之间用逗号分隔。变量名应该符合标识符的命名规范。

变量声明表面上只是确定了变量的名称和变量所属的数据类型。实际上还明确了变量所需要的存储空间、变量的取值范围以及变量所能参与的运算。例如,前面定义的 weight 占有 4 个字节,可以存放一个整数(最小 −2147483648,最大 2147483647),可以参与包括加、减、乘、除在内的整数运算。

一旦定义之后,变量的类型是不能改变的。也就是说,一个变量名被定义之后,在同一个程序块内,不可以重新定义该变量名。

2.变量的初始化

在声明变量时,可以对变量进行初始化,也就是给变量设置一个初始值。

例如:

```
int  k=5;                //声明整型变量 k,并给 k 设置初值 5
char ch='*';             //声明字符型变量 ch,并给 ch 设置初值'*'
double x=3.5, y=−1.2;    //声明 double 型变量 x 和 y,初始化为 3.5、−1.2。
double a,b=0;            //声明 double 型变量 a 和 b,并将初始化为 0。
```

Java 语言规定,如果变量从来未被赋值,则不可以执行获取变量值的操作,否则属于语法错误。也就是说,除了对该变量赋值以外的其他操作都是非法操作。

若有上述变量声明及初始化,那么:

语句 x=a+y 是有语法错误的,因为 a 未被初始化。

而语句 a=x+y 是合法的,实现的功能是把 x 和 y 之和赋值给 a。

2.3　基本输入与输出语句

基本输入输出

2.3.1　基本输出语句

如果需要将常量、变量或表达式的值显示输出,可以利用 System.out.print()方法与 System.out.println()方法。这两个方法的功能基本相同。两者的区别是在输出指定内容之后,前者将光标停留在输出内容的后面,而后者将光标移到下一行的开始位置。

例 2-2　输出语句的初步运用。

【程序】

```
class Main{
    public static void main(String args[]){
```

```
        int  a  =  2,  b  =  3;
        System.out.print("a=");          //输出 a=,光标停止在=后
        System.out.println(a);           //输出 2,光标移到下一行
        System.out.print("b=");          //输出 b=,光标停止在=后
        System.out.println(b);           //输出 3,光标移到下一行
        //输出 a=2,b=3,光标移到下一行
        System.out.println("a=" + a + ",b =" + b);
        System.out.println(a + b);       //输出 5,光标移到下一行
    }
}
```

【程序运行】

```
a=2
b=3
a=2,b=3
5
```

【程序说明】

System.out.print()方法与 System.out.println()方法都只能输出一项内容,如果希望输出多项内容,则需要用拼接运算符(+)将多项内容拼接成一项。

以语句 System.out.println("a=" + a + ",b =" + b)为例,为了输出"a="、a、",b="和 b 等四项内容,利用运算符+,自左向右逐步拼接:

```
"a=" + a 的结果为"a=2";
"a=" + a + ",b ="的结果为"a=2,b=";
"a=" + a + ",b ="+b 的最终结果为"a=2,b=3"
```

如果运算符"+"两边的运算对象有一个是字符串,则实现拼接操作;如果运算符"+"两边的运算对象都是数值,则进行加法操作,所以 a+b 的值为5。

虽然上述两个方法可以实现数据输出,但控制输出格式是一个比较棘手的问题。为此Java语言从 JDK1.5 版本开始,提供了更加方便的 System.out.printf()方法,该方法既可以控制数据输出的格式,又可以方便地输出多项。其一般形式是:

```
System.out.printf("格式控制字符串",表达式 1,表达式 2…)
```

格式控制字符串可以包含格式控制符和普通字符,普通字符将按原样输出,而格式控制符用于指定对应表达式的格式。表 2-6 列出了常用格式控制符及其含义。

表 2-6　格式控制符

转换符	说明
%s	字符串类型
%c	字符类型
%b	布尔类型
%d	整数类型(十进制)
%x	整数类型(十六进制)
%o	整数类型(八进制)
%f	浮点类型
%a	十六进制浮点类型
%e	指数类型
%g	通用浮点类型(f和e类型中较短)
%n	换行符

1.整型数据的格式控制

例如:若有int a = 2, b = 3;

则 System.out.printf("a=%d,b=%d", a, b);可输出 a=2,b=3

在格式控制字符串中,两个"%d"被称为格式符,分别用以指定后面a和b两个表达式的值将以十进制整数形式输出。格式控制字符串中的其他字符,如 a =, b = 将以字符方式直接输出。

输出格式控制符中,可以指定整数数据的输出宽度。

例如:若有int a = 2, b = 387;

则 System.out.printf("a=%5d,b=%2d", a, b);输出为 a=　　2,b=387

"%5d"用以指定a的值以十进制整数形式输出,且宽度为5,a的实际位数小于5,则左边补4个空格。"%2d"指定b的输出宽度为2,但b的实际宽度超过2,输出宽度按照实际位数。

2.实型数据的格式控制

实型数据的格式控制符有%e和%f两种,分别以科学计数法形式和小数形式输出实型数据。例如:

```
System.out.printf("e=%f,pi=%f", 2.718, 3.1415926);
输出为 e=2.718000,pi=3.141593
System.out.printf("%e,%e",271.8, 314158.2);
输出为 2.718000e+02,3.141592e+05
```

可以看出,小数点后面总是输出6位,而不管数据的实际小数位数,超出部分四舍五入,不足则补0。

在实型数据的格式控制符中,可以限定输出宽度,也可以指定小数位数。例如:

System.out.printf("e=%7.2f,pi=%.3f",2.718,3.1415926);

输出为 e=　　2.72,pi=3.142

"%7.2f"指定数据 2.718 的输出格式为数据宽度为 7,保留 2 位小数,实际位数小于 7 时,左边补空格,"%.2f"限定数据 3.1415926 的输出格式为保留 2 位小数,总宽度按实际位数。

3.布尔型数据的格式控制

布尔型数据的格式控制符是%b。

例如:若有 boolean flag=true;

则 System.out.printf("%b", flag); 将输出 true。

4.字符型数据的格式控制

字符型数据的格式控制符是%c。

例如:若有 char ch='a';

则 System.out.printf("%c,%c", ch,ch−32); 将输出 a,A。

格式控制字符串不但可以灵活指定各种数据类型的输出格式,而且可以与各种标志搭配组合在一起,形成更丰富的输出格式,这些标志如表 2-7 所示。

表 2-7　搭配格式控制符的标志

标志	说明	示例	结果
+	为正数或者负数添加符号	"%+d",15	+15
−	左对齐	"%−5d",15	15
0	数字前面补 0	"%04d", 99	0099
,	以","对数字分组	"%,f", 9999.99	9,999.990000
(	使用括号包含负数	"%(f", −99.99	(99.990000)

2.3.2　基本输入语句

从 JDK1.5 版本开始,Java 语言增加了 Scanner 类,为数据输入带来了很大的方便。如表 2-8 所示,Scanner 类提供了一系列方法,用于接受不同类型的数据。

表 2-8　Scanner 类的主要方法

方法	功能描述
next()	读取一个字符串,读到空格,tab 键或 enter 键结束
nextLine()	读取一行(包括空格和 tab 键),只有 enter 键才结束
nextByte()	读取一个字节
nextShort()	读取一个短整型
nextInt()	读取一个整型
nextLong()	读取一个长整型

续表

方法	功能描述
nextFloat()	读取一个浮点型
nextDouble()	读取一个 double 型

下面通过一个例子说明实现数据输入的基本过程。

例 2-3　输入摄氏温度,输出对应的华氏温度。

计算公式如下:

f=c * 9 / 5 + 32。

其中,c 表示摄氏温度,f 表示华氏温度。

【程序】

```
import java.util.Scanner;
public class Main{
    public static void main(String args[]){
        Scanner kb=new Scanner(System.in);
        double c,f;
        c=kb.nextDouble();
        f=c * 9 / 5 + 32;
        System.out.printf("%.2f",f);
    }
}
```

【程序运行】

```
输入:29
输出:84.20
```

【程序说明】

为了实现数据输入,程序中首先需要使用 import 语句通知编译器,程序中将使用 java.util 包中的 Scanner 类;然后创建一个 Scanner 对象,接下来就可以调用 kb.nextDouble()方法,读取键盘输入的一个双精度浮点数。本章中我们先尝试使用,相关的概念在后面的章节会作介绍。

Java 语言中的基本数据类型不包括字符串,使用对象来表示字符串,有关字符串的输入、存储和处理将在后面章节介绍。单个字符的输入一般利用 System.in.read()方法。同样,本小节也介绍基本的使用方法,不涉及相关的概念。

下面这个例子说明如何通过调用 System.in.read()方法,接受键盘输入的一个字符。

例 2-4 接收键盘输入的小写字母,输出对应的大写字母。

【程序】

```
import java.io.*;
public class getChar{
    public static void main(String args[]) throws IOException{
        char c;
        c=(char)System.in.read();
        System.out.printf("%c", c-32);
    }
}
```

【程序运行】

```
输入:b
输出:B
```

【程序说明】

程序中包含三个环节:

(1)用 import java.io.IOException(或者 import java.io.*)语句导入 IOException 类,也就是告诉编译器本程序中需要使用 IOException 类,该类属于 java.io 包。

(2)在 main 方法的头部,用 throws IOException 声明抛出异常。

(3)调用 System.in.read()方法,返回值是一个整数(int),对应输入字符的 Unicode 编码。本例中转换为字符类型后,赋值给字符变量 c。

当程序运行到 System.in.read()语句时,会等待用户通过键盘输入数据。用户可以输入一个或者多个字符,然后按 Enter 键。System.in.read()语句只会读取第一个字符,然后继续运行下面的语句。

2.4 运算符与表达式

2.4.1 赋值运算符与赋值表达式

赋值运算符("=")用于为变量指定数值。用赋值运算符可以构造赋值表达式,基本形式如下:

变量 = 表达式

例如:x = 3.87;

a = x + y;

这样的赋值表达式,也常被称为赋值语句。赋值运算符的左边只能是一个变量,右边则是一个表达式。右边的表达式,可以是一个简单的常量或变量,也可以由变量、常量、运算符构成的更复杂的运算式子。

赋值表达式的处理过程是:首先计算赋值运算符右边表达式的值,而后将该值赋予左边的变量。该值既成为左边变量的值,也作为赋值表达式的值。

若有定义:int x = 1, y = 2;

则 x = y = 0;是一个正确的赋值语句(或赋值表达式)。赋值运算规则是从右到左,处理过程如下:

(1)0 先赋给 y,这样 y 的值即为 0,同时表达式(y = 0)的值同为 0。

(2)表达式(y = 0)的值赋值给 x,x 的值即为 0,同时(x = y = 0)的值为 0。

有两个问题需要注意。第一个问题,"="在 Java 语言中不再表达数学上的相等关系,而作为赋值运算符,表达了一种数据传递的关系,把右边表达式的值传递给左边的变量。第二个问题是:赋值表达式用于给变量赋值,其左边只能是变量。下面的两条语句都是错误的。

x + y = 5;

8 = 8;

一般来说左边的变量和右边的表达式应具有相同的数据类型,如果不同,则要通过数据类型转换,相关规则将在本节的后面作介绍。

2.4.2　算术运算符与算术表达式

Java 语言提供了 9 种算术运算符(如表 2-9 所示),一般分为双目运算符和单目运算符两大类。双目运算符有两个数据参与运算,单目运算的对象则只有一个数据。

双目运算符包括:+(加)、-(减)、*(乘)、/(除)和%(取余),使用算术运算符时需要注意以下问题。

(1)如果除法运算的除数和被除数都是整数,则按整除的规则进行;如果有一个数据为浮点数,则浮点数除法的规则进行。

例如,表达式 189/10 的值为 18,而 189.0/10 的值为 18.9。

(2)参与取余运算(%)的数据一般是两个整型数据。如果 a 和 b 是两个整数变量,则表达式 a%b 运算的方式是将 a 作为被除数,b 作为除数,进行整除运算,运算结果不是商,而是余数。若 k 为整数,k%10 可以计算 k 的个位数,k%2 是否为 0 可以用于判定表明 k 是否为偶数。

表 2-9　算术运算符

运算符		含义	示例(设 int a = 16, b = 5)	运算结果
双目	+	加	a + b	21
	-	减	a - b	11
	*	乘	a * b	80
	/	除	a / b	3
			1.6 / 5	0.32
	%	取余	a % b	1

运算符		含义	示例(设 int a = 16, b = 5)	运算结果
单目	+	正	+a	16
	−	负	−a	−16
	++	自增	a = b++	a,b 分别为 5,6
			a = ++b	a,b 都为 6
	−−	自减	a = b−−	a,b 分别为 5,4
			a = −−b	a,b 都为 4

单目运算符包括:+(加)、−(减)、++(自增)、−−(自减)。

自增运算符

自增运算符将变量的值加 1 后再存入这个变量;自减运算符将变量的值减 1 后再存入这个变量。自增和自减运算符可以在变量左侧,也可以在变量右侧,例如:++a,a++。如果仅作为独立的语句,两者执行结果并没有区别。

假如定义两个变量:int a = 0, b = 0;执行下面两条语句以后,a 和 b 的值都是 1。

a++;

++b;

类似的情况,假如定义两个变量:int a = 0, b = 0;执行下面两条语句以后,a 和 b 的值都是−1。

b−−;

−−a;

如果自增和自减运算符与其他运算符组合使用,运算符放在左侧与放在右侧,执行结果会明显不同。两者之间的区别可以通过下面例子加以说明:

设有定义:int a = 0, b = 0;执行语句:

a = 2 * b++;

那么,a 和 b 的值分别为 0 和 1,执行过程是:先将 b 的值(0)与 2 相乘并把乘积(0)赋值给 a,这样 a 的值即为 0,最后再执行 b 自增的操作,b 的值变成 1。

如果换成执行语句:

a = 2 * ++b;

那么,a 和 b 的值分别为 2 和 1,执行过程是:先将 b 的值加 1,b 的值即为 1,然后将 b 的值(1)与 2 的乘积(2)赋值给 a,这样 a 的值即为 a。

类似的道理,执行语句序列之后 a、b、c 的值分别为 0,−2,−2。

int a = 0, b = 0, c = 0;

a = b−−;

c = −−b;

需要注意的是,自增运算和自减运算的运算对象都只能变量,不能是常量或其他表达式,形如:6++或(a+b)++的表达式是非法的。

参与算术运算的数据一般是整型(long/int/short/byte)和浮点型数据(double/float)。字符型数据也可以参与算术运算,实际上参与运算的是一个整型数值,也就是字符对应的编码值。

例如:字符'a'的编码值为 97,因此表达式'a'+2 的值为 99。

2.4.3　关系运算符与关系表达式

在许多情况下,程序中要对某些条件作出判断,根据条件成立与否,决定程序的执行流程。例如,以下if语句可以计算a的绝对值:

b = a;

if (b < 0) b = -b;

其中b = -b是否执行,取决于条件(b < 0)成立与否。这个条件就是用关系表达式来描述的,"<"就是一个关系运算符。关系运算的值是一个布尔型数据(true或false)。例如,b为3,则表达式 b < 0 的值为false;b为-3,则表达式b<0的值为true。

Java提供了六种关系运算符,如表2-10所示。

表2-10　关系运算符

运算符	名称	表达式示例	表达式的值
>	大于	4>3	true
>=	大于或等于	2>=5	false
<	小于	3.5<9	true
<=	小于或等于	7.8<=3+2	false
==	等于	3==2+1	true
!=	不等于	2!=1	true

使用关系运算符时,要注意以下一些问题:

(1)不要将关系运算符"=="误写成"="。在Java语言中"="是赋值运算符,判断相等关系的运算符是"=="。

(2)数学表达式"3 < x < 5",在Java语言中,不能直接描述为"3 < x < 5",而需要借助逻辑表达式"x > 3 && x < 5"。

2.4.4　逻辑运算符与逻辑表达式

逻辑运算的运算对象是布尔型数据,运算结果也是逻辑型数据。常用的逻辑运算符有&&(逻辑与)、||(逻辑或)和!(逻辑非)。运算规则如表2-11所示。

表2-11　逻辑运算符

变量		运算结果		
A	B	A && B	A ||B	!A
true	true	true	true	false
true	false	false	true	false
false	true	false	true	true
false	false	false	false	true

(1)当两个运算对象都为true时,逻辑与的运算结果为true,否则运算结果为false。

(2)当两个运算对象都为false时,逻辑或的运算结果为false,否则运算结果为true。

（3）逻辑非是单目运算符,只有一个运算对象。运算对象为 true,运算结果为 false;运算对象为 false,运算结果为 true。

逻辑运算符可用于描述比较复杂的条件,我们来看一组条件及其对应的逻辑表达式:

（1）m、n都能被k整除的逻辑表达式是:m % k == 0 && n % k == 0

（2）x的绝对值大于8的逻辑表达是:x > 8 || x < -8

（3）闰年的判别一般条件是:能被4整除而不能被100整除,或者能被400整除,判别某一年(year)是为闰年的逻辑表达式是:

```
year % 4 == 0 && year % 100 != 0 || year % 400 == 0
```

判别某一年(year)是为平年的逻辑表达式是:

```
!(year % 4 == 0 && year % 100 != 0 || year % 400 == 0)
```

在Java语言中,&&和||的运算会遵循"短路"规则,逻辑表达式中的部分运算在某些情况下,并不被执行。下面这个程序的运行反映了这一特征。

例2-5 &&和||的运算规则。

【程序】

```java
import java.util.Scanner;
class Main{
    public static void main(String args[]){
        Scanner kb=new Scanner(System.in);
        int a,b;
        boolean flag1,flag2;
        a = kb.nextInt();
        b = kb.nextInt();
        flag1 = a > 0 && ++b > 0;
        System.out.printf("a=%d,b=%d,flag1=%b\n",a, b, flag1);
        flag2 = a > 0 || ++b > 0;
        System.out.printf("a=%d,b=%d,flag1=%b\n",a, b, flag2);
    }
}
```

【程序运行】

```
第1次运行
输入:   0   0
输出:   a=0,b=0,flag1=false
a=0,b=1,flag1=true
```

第2次运行
输入: 1   2
输出: a=1,b=3,flag1=true
a=1,b=3,flag1=true

【程序说明】

我们来分析一下第1次运行的情况,输入的数据为0和0。

语句 flag1 = a > 0 && ++b > 0 的执行流程是:首先判断 a>0,结果为 false。此时已经可以确定"a>0 && ++b > 0"的值是 false,因而直接将 false 赋值给 flag1,而 && 右侧的表达式"++b > 0"不被处理,变量 b 自增的操作没有执行。

语句 flag2 = a > 0 || ++b > 0;的执行流程是:首先判断 a>0,结果为 false。此时还无法确定"a>0 || ++b > 0"的值,需要进一步计算 || 右侧的表达式"++b > 0",也就是说,b 先自增为1,于是"++b > 0"的值为 true,因此"a > 0 || ++b > 0"的值为 true

第2次运行的结果,请读者自行分析。

短路规则一定程度上可以提高程序执行的效率。

2.4.5　其他运算符与表达式

1.条件运算符与条件表达式

条件运算符将3个表达式组合在一起,组成条件表达,条件表达式的一般形式是:

表达式1?表达式2:表达式3

条件表达式的运算过程是:先计算表达式1的值,如果它的值为 true,将表达式2的值作为条件表达式的值,否则,将表达式3值作为条件表达式的值。例如:

x=a>b?a:b;   //将 a 和 b 的最大值赋给 x
y=x>0?x:-x;   //将 x 的绝对值赋给 y

可以看出,表达式1是一个值为 true 和 false 的关系表达式或逻辑表达式,表达式2和表达式3的类型一般是相同的。

2.位运算符

位运算符适用于整型的运算对象,运算特点是以二进制位为单位进行。运算规则如表2-12所示。

表2-12　位运算符

运算符	名称	含义	示例
&	按位与	两位同时为1,结果为1,否则为0 0&0=0; 0&1=0; 1&0=0; 1&1=1	5&9的值为1
|	按位或	两位同时为0,结果为0,否则为1 0|0=0;0|1=1;1|0=1;1|1=1	5|9的值为13

运算符	名称	含义	示例
~	按位取反	按位取反,即将 0 变 1,1 变 0 ~1=0;~0=1	~5 的值为-6
^	按位异或	0^0=0;0^1=1;1^0=1;1^1=0 两位不同,结果为 1,否则为 0	5^9 的值为 12
>>	向右移位	将运算对象的二进制码整体右移指定位	15>>2 的值为 3
<<	向左移位	将运算对象的二进制码整体左移指定位	15<<2 的值为 60

假设 byte a = 106, flag= 0x0f;

a 的二进制形式为 01101010,flag 的二进制形式为 00001111。a & flag 与 a | flag 的运算,如图 2-1 所示。

```
        01101010                   01101010
  &     00001111             |     00001111
        00001010                   01101111
```

图 2-1　按位与和按位或的运算

可以看出,a & flag 结果的二进制形式为 00001010,可以将 a 的左边四位置为 0。a | flag 结果的二进制形式为 01101111,可以将 a 的右边四位置为 1。

3.复合赋值运算符

复合赋值运算符是一种基本运算与赋值运算合并的简化书写形式。例如:

x+=y 对应于 x=x+y;
x*=y+5 对应于 x=x*(y+5)
a%=2 对应于 a=a%2

2.4.6　表达式的处理规则

一个表达式中可能包含多个不同运算符,具有不同数据类型的运算对象,优先级规定了不同运算符的先后次序,结合性规定了同一优先级运算符的运算次序。不同数据类型的运算对象也会按确定的规则转换为同一类型后,再进行运算。

1.运算符优先级

优先级规定同一表达式中不同运算符被执行的次序。在表达式求值时,按运算符的优先级别由高到低的次序执行,例如,算术运算符中采用"先乘除后加减",在表达式"8+5*6"中,由于"*"优先级高于"+",所以先做"5*6",其结果再作"+"运算。

常见的运算符中,运算优先级由高到低分别是单目运算、算术运算、关系运算、逻辑运算和赋值运算。表 2-13 给出了所有运算符的优先级,级别为 1 的优先级最高,级别为 14 的优先级最低。

表2-13 运算符优先级与结合型

优先级	运算符	名称	结合性
1	.	点	从左到右
	( )	圆括号	从左到右
	[ ]	方括号	从左到右
2	+	正号	从右到左
	−	负号	从右到左
	++	自增	从右到左
	−−	自减	从右到左
	~	按位非	从右到左
	!	逻辑非	从右到左
3	*	乘	从左到右
	/	除	从左到右
	%	取余	从左到右
4	+	加	从左到右
	−	减	从左到右
5	<<	左移位运算符	从左到右
	>>	带符号右移运算符	从左到右
	>>>	无符号右移	从左到右
6	<	小于	从左到右
	<=	小于或等于	从左到右
	>	大于	从左到右
	>=	大于或等于	从左到右
	instanceof	某对象是否属于指定的类	从左到右
7	==	等于	从左到右
	!=	不等于	从左到右
8	&	按位与	从左到右
9	|	按位或	从左到右
10	^	按位异或	从左到右
11	&&	短路与	从左到右
12	||	短路或	从左到右
13	?:	条件运算符	从右到左
14	=	赋值运算符	从右到左
	+=	混合运算符	从右到左

优先级	运算符	名称	结合性
14	-=	混合运算符	从右到左
	*=		
	/=		
	%=		
	&=		
	| =		
	^=		
	<<=		
	>>=		
	>>>=		

2.运算符结合性

运算符的结合性规定了优先级相同情况下的计算顺序。+,-,*,/等大多数运算符的结合性是左结合,即先左后右。对于表达式 x-y+z,y 应先与"-"号结合,执行 x-y 运算,然后再执行+z 的运算。

右结合性运算符包括单目运算符、赋值运算符以及条件运算符。例如:赋值表达式"x=y=z"执行的次序是:先执行 y=z 再执行 x=(y=z)运算,表 2-13 给出了全部运算符的结合性。

3.数据类型转换

如果参与运算的对象具有相同的数据类型,那么可以直接进行运算;否则需要进行类型转换。有些转换可以自动完成,有些转换必须采用强制方式。

如果以下声明:

```
int  x = 6;
double  y = 8.5;
```

对于语句 y = x,赋值运算两边的数据类型不同,x 的 int 型值会自动转换为 double 型值以后,再赋值给 y。执行以后,y 的值为 double 型的值 6.0。

而语句 x = y 是非法的,因为 double 型 y 要转换为 int 型值,可能会产生精度损失。如果我们不介意损失,而希望把 y 的整数部分赋值给 x,那么可以采用强制类型转换:

```
x =  (int)y;
```

需要注意的是,强制类型转换并没有改变 y 的数据类型,y 的类型仍然是 double。而只是指定表达式(int)y 的类型为 int,这里表达式(int)y 的值为 8。

如图 2-2 所示,如果转换是沿箭头方向进行的,就不会造成运算精度降低,可以自动完成;否则必须采用强制转换的方式。

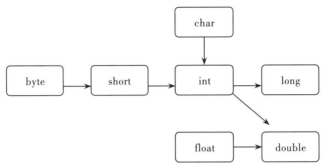

图 2-2　基本类型转换方式

设 f 和 c 均为 double 型变量,分别表示华氏温度和摄氏温度。如果要实现温度转换,下面的两个赋值语句,前者是错误的,后者是正确的。

```
f = 9 / 5 * c + 32;
f = c * 9 / 5 + 32;
```

前者的执行过程是先计算 9/5,两个整数的除法运算按整除规则,结果是 1,而不是 1.8,显然不能正确地进行温度转换;后者的执行过程是先计算 c*9,会自动将 9 转换为 double,以便与 c 类型相同,乘法结果的类型为 double,接下来的除法和加法会分别把 5 和 32 自动转换为 double,再进行运算。

请注意,强制类型转换运算的优先级高于 +,-,*,/,% 等运算,类型转换在运算之前处理。例如,若有

```
double x = 1.5, y = 0.6;
```

那么 (int)x+y 的值为 1.6,而不是 2,其计算过程是:先将 1.5 强制转换为 int 型的 1,再将 1 转换为 double 型的 1.0,最后将 1.0 与 y 作加法运算。

2.5　范　例

范例 2-1　某学校有男生 m 名,女生 n 名,请计算、输出男生、女生分别占全校总人数的比例。

【分析】学生人数 m 和 n 一般定义为整数,计算比例时需要进行类型强制,以便实现实数除法运算。由于"%"用于格式控制,在输出"%"时需要特殊处理,即输出"%%"

```
import java.util.Scanner;
public class Main{
    public static void main(String[] args){
```

```
        Scanner kb=new Scanner(System.in);
        int m,n;
        double fm,fn;
        m=kb.nextInt();
        n=kb.nextInt();
        fm=(double)m/(m+n)*100;
        fn=100-fm;
        System.out.printf("%.1f%% %.1f%%",fm,fn);
    }
}
```

范例2-2 将一个三位数反向输出。

【分析】用整除和取余运算可以获取三位整数的个位、十位和百位,再分别输出。

【程序】

```
import java.util.Scanner;
public class Main{
    public static void main(String[] args){
        Scanner kb=new Scanner(System.in);
        int n,ones,tens,hundreds;
        n=kb.nextInt();
        ones=n%10;
        tens=n/10%10;
        hundreds=n/100;
        System.out.printf("%d%d%d",ones,tens,hundreds);
    }
}
```

范例2-3 愚公移山,假设一座山有n立方米,愚公一家人坚持不懈要移动大山。一家人每x小时能挖掉1立方米,假设一家人在挖完1立方米之前不会挖另外1立方米,那么经过y小时还有多少立方米?

【分析】一般可以将x和y定义为整数。需要注意的是:y/x会以整除方式处理,得到的结果是被一家人完全挖掉的立方米数,为此要在y%x不为0时,将一家人挖掉的立方米数额外加1。在计算剩余的完整立方米数时,直接做减法可能得到负值,不符合实际情况。本例中用条件表达式来处理。

【程序】

```
import java.util.Scanner;
public class Main{
```

```
    public static void main(String[] args){
        Scanner kb=new Scanner(System.in);
        int n,x,y,k;
        n=kb.nextInt();
        x=kb.nextInt();
        y=kb.nextInt();
        k=y/x;
        k=y%x==0?k:k+1;
        n=n>=k?n-k:0;
        System.out.print(n);
    }
}
```

习题二

一、选择题

(1)Java 中的基本数据类型 int 在不同的操作系统平台的字长是(　　)。

A.不同的　　　　　　　　B.32 位　　　　　　　　C.64 位　　　　　　　　D.16 位

(2)以下标识符中不合法的是(　　)。

A.price_per_m　　　　　　B.Salary　　　　　　　C.myVar　　　　　　　D.class

(3)下列变量定义正确的是(　　)。

A.double d　　　　　　　B.float f=6.6　　　　C.byte b=131　　　　D.boolean t="true"

(4)下列为不合法字符常量的是(　　)。

A.'和'　　　　　　　　　　B.'&'　　　　　　　　　C.'\n'　　　　　　　　　D.'true'

(5)判断 char 型变量 c 为数字字符的正确表达式为(　　)。

A.'9'>=c>='0'　　　　　　　　　　　　　　B.'9'>=c&&c>='0'

C.9>=c||c>=0　　　　　　　　　　　　　　D.9>=c>=0

(6)有定义 double x=1,y;表达式 y=x+3/2 的值是(　　)。

A.1　　　　　　　　　　　B.2　　　　　　　　　　C.2.0　　　　　　　　　D.2.5

(7)设有定义 int x;float y;则下列表达式中结果为整型的是(　　)。

A.(int)y+x　　　　　　　B.(int)x+y　　　　C.int(y+x)　　　　D.(float)x+y

(8)若整型变量 i 的值为偶数,那么值为 true 的逻辑表达式是(　　)。

A.i%2=0;　　　　　　　　B.i%2!=1;　　　　　　C.i/2==0;　　　　　　　D.i%2 equals 0;

(9)以下语句执行后,x、y 的值分别为(　　)。

int x=3; int y=2; y=++x;

A.4　　　4　　　　　　　　B.4　　　3　　　　　　C.3　　　3　　　　　　　D.3　　　2

（10）设原来变量 a 和 n 的值分别为 7 和 2,则表达式 a+=n-2 的结果是(　　)。

A.1　　　　　　　　　B.2　　　　　　　　　C.9　　　　　　　　　D.7

（11）下列运算符中,优先级最高的是(　　)。

A.+=　　　　　　　　B.==　　　　　　　　C.&&　　　　　　　　D.*

二、编程题

（1）编写程序,将摄氏温度转化为华氏温度,输出时保留2位小数。其转化公式如下:

华氏温度=(9/5)×摄氏温度+32

（2）输入一个三位正整数,输出个、十、百位数字的立方和。

（3）已知圆球体积为 $\frac{4}{3}\pi r^3$,编写程序,输入圆球半径,计算并输出圆球的体积,保留3位小数。

（4）每年过年的时候,小明总是要为新学期准备很多的水笔。今天商店搞活动,每满5支赠送1支,若满了20支则赠送5支,每支水笔5元钱。小明一共带了n(n>10)元钱,希望能买到最多的水笔,请你帮他算算,他最多能买到多少支?

（5）水獭给自己的游泳时间做了精确的计时(24小时制),它发现自己从a时b分一直游泳到当天的c时d分,请你帮水獭计算一下,它这天一共游了几小时几分。

（6）一只大象口渴了,要喝20升水才能解渴,但现在只有一个深h厘米,底面积为s平方厘米的小圆桶(h和s都是整数)。大象至少要喝多少桶水才会解渴?

（7）自新冠疫情暴发以来,疫情防控态势一直牵动着全国人民的心弦:白衣战士身先士卒、守护生命;各行各业立足岗位、共克时艰;无数志愿者众志成城、默默奉献……在这场战“疫”中,每个中国人都情系武汉,做出自己应该做的贡献。信息学院党员教师积极行动起来,主动向湖北武汉等疫情严重地区捐款,为武汉加油,为中国加油。学院领导每人捐款两千元,党员教师每人捐款一千元,请根据输入的人数,打印捐款总金额(提示:输入格式:“在一行中给出两个均小于100且大于0的整数,其间以空格分隔。第一个整数表示领导人数,第二个整数表示党员教师人数”;输出格式:“输出金额总数”)。

（8）中国有句俗语叫“三天打鱼两天晒网”。假设某人从某天起,开始“先三天打鱼后两天晒网,共五天”,问这个人在以后的第N天中是“打鱼”还是“晒网”? (提示:输入格式:“输入在一行中给出一个不超过1000的正整数N”;输出格式:在一行中输出此人在第N天中是“Fishing”(即“打鱼”)还是“Drying”(即“晒网”),并且输出“in day N”)。

第3章

程序流程控制

3.1 顺序与分支结构

3.1.1 顺序结构

程序的基本结构形式有顺序结构、分支结构和循环结构。顺序结构是程序中经常见到的,也是最简单的一种结构。语句依次排列,就自然形成了顺序结构。语句的先后顺序决定其执行次序,也就是排在前面的语句先执行,排在后面的语句后执行。

顺序结构可以独立使用构成一个简单的完整程序,不过大多数情况下顺序结构都是作为程序的一部分,与其他结构一起构成一个复杂的程序,例如分支结构中的复合语句、循环结构中的循环体等。

例 3-1 随机生成一道 20 以内的加法测试题。

【程序】

```java
import java.util.*;
class Main{
    public static void main(String args[]){
        int a,b;
        a=(int)(Math.random()*20);
        b=(int)(Math.random()*20);
        System.out.printf("%d+%d=",a,b);
    }
}
```

【运行示例】

18+7=

【程序说明】

程序中的语句就是按顺序结构来组织的。先产生一个20以内的随机整数赋值给a,再产生一个20以内的随机整数赋值给b,最后输出对应的加法测试题。

Math.random()调用 Math 类的 random()方法产生一个[0,1)之间的 double 型随机数。这样表达式 Math.random()的值是一个[0,1)之间的随机实数,而表达式(int)(Math.random()*20)的值是一个[0,20)之间的随机整数。程序运行每次输出的加法测试题是不一样的。

3.1.2 if语句实现的分支结构

if语句的一般格式为:

if (条件表达式)
    语句 A

条件表达式有 true 和 false 两种可能的取值,分别表示一个逻辑判断的真和假。if语句的执行流程,如图 3-1 所示,如果条件表达式的值为 true,就执行语句 A;否则不执行语句 A。

这里的语句 A 可以是单个语句,也可以是包含多条语句的块语句。语句块也称为复合语句,以"{"开始,"}"结束,中间可包含若干条语句。

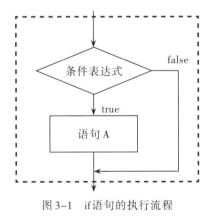

图3-1 if语句的执行流程

例 3-2 随机生成一道20以内的减法测试题,要求被减数大于、等于减数。
【程序】

```java
import java.util.*;
class Main{
    public static void main(String args[]){
        int a,b,t;
```

```
        a=(int)(Math.random()*20);
        b=(int)(Math.random()*20);
        if (a<b){
            t=a;
            a=b;
            b=t;
        }
        System.out.printf("%d-%d=\n",a,b);
    }
}
```

【程序示例】

13-6=

【程序说明】

程序先产生一个20以内的随机整数赋值给a,再产生一个20以内的随机整数赋值给b。为了让被减数大于等于减数,a小于b时需要将a和b的值互换。

语句块{t=a;a=b;b=t;}中的三条语句是一个整体,在a小于b时一一执行,而a大于等于b时都不执行。语句块中的三条语句用来实现变量a和变量b间的交换。先把a暂存在变量t中,然后把b赋值a,最后把t赋值给b。

3.1.3 if-else语句实现的分支结构

if-else

if-else语句的一般格式为:

if (条件表达式)
　　语句A;
else
　　语句B;

if-else语句的功能是根据条件表达式的值,确定执行语句A或语句B,执行流程,如3-2所示。如果条件表达式的值为true,则执行语句A;否则执行语句B。

例3-3 随机生成一道20以内的加法测试题。由程序对测试者输入的计算结果进行评判。

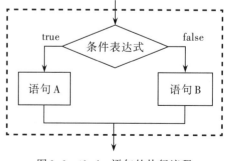

图3-2 if-else语句的执行流程

【程序】

```
import java.util.*;
class Main{
    public static void main(String args[]){
        Scanner kb=new Scanner(System.in);
        int a,b,answer;
        a = (int)(Math.random()*20);
        b = (int)(Math.random()*20);
        System.out.printf("%d+%d=",a,b);
        answer=kb.nextInt();
        if (a+b==answer){
            System.out.printf("Good!");
        }else{
            System.out.printf("Wrong!");
            System.out.printf("Correct answer is %d",a+b);
        }
    }
}
```

【程序示例】

```
第1次运行
4+18=22↙
Good!
第2次运行
14+15=19↙
Wrong!Correct answer is 29
```

【程序说明】

程序先随机产生一个加法测试题,再由测试者输入计算结果,然后由程序对输入的计算结果进行评判。计算正确输出"Good!",计算错误输出"Wrong!"。在计算正确和错误两种情况下,要执行不同的语句。

3.1.4　嵌套if语句实现的多分支结构

if嵌套

前面介绍了两种形式的if语句。if语句所包含的语句A(或语句B)也可以是一个if语句,也就是说if语句内嵌了另一个if语句,一般称之为嵌套if语句。多分支结构可以采用嵌套if语句来实现。

例 3-4　随机生成一道 20 以内的加法、减法或乘法测试题。由计算机对测试者输入的计算结果进行评判。

【程序】

```java
import java.util.*;
class Main{
    public static void main(String args[]){
        Scanner kb=new Scanner(System.in);
        int a,b,t,yourAnswer,op,myAnswer;
        a=(int)(Math.random()*10);
        b=(int)(Math.random()*10);
        op=(int)(Math.random()*3);
        if(op==0){
            System.out.printf("%d+%d=",a,b);
            myAnswer=a+b;
        }else{
            if(op==1){
                if(a<b){
                    t=a;a=b;b=t;
                }
                System.out.printf("%d-%d=",a,b);
                myAnswer=a-b;
            }else{
                System.out.printf("%d*%d=",a,b);
                myAnswer=a*b;
            }
        }
        yourAnswer=kb.nextInt();
        if(yourAnswer==myAnswer){
            System.out.printf("Good!\n");
        }else{
            System.out.printf("Wrong!\n");
        }
    }
}
```

【运行示例】

第 1 次运行
5+17=22✓

Good!
第2次运行
12*3=36✓
Good!

【程序说明】

这里不仅要求运算数据是随机的,运算类型也是不确定的,可能是加、减、乘运算中的一种。如何产生一个运算类型不定的算式呢?一个简单的思路是先生成一个0到2的随机整数,然后根据整数的值输出相应类型的算式。0、1、2对应加法、减法、乘法三个分支,可以采用嵌套if语句。

3.1.5　switch语句实现的多分支结构

switch

前面这个程序用嵌套if语句实现多分支选择结构。多层的if嵌套可以实现多分支的选择结构,但过多的if嵌套会使得程序不太容易理解。Java语言提供了switch语句,用于处理多分支问题。switch语句的一般形式为:

```
switch(表达式A){
    case 常量表达式1:
        语句序列1;
        break;
    case 常量表达式2:
        语句序列2;
        break;
    case 常量表达式3:
        语句序列3;
        break;
    ...
    case 常量表达式n:
        语句序列n;
        break;
    default:
        语句序列n+1;
}
```

每个case以及default表示一个分支,语句执行时会根据表达式A的值,选择执行对应的分支。switch语句的执行流程是:

首先计算表达式A的值,然后用此值依次与各个case的常量表达式值比较,当表达式A的值与某个case后面的常量表达式的值相等时,就转去执行此case后面的语句序列,执行

break 语句后就会退出 switch 语句。

若表达式 A 的值与所有 case 后面的常量表达式值都不等,则执行 default 后面的语句 n+1,然后退出 switch 语句。

使用 switch 语句时,需要注意下面几个问题:

(1)表达式 A 的数据类型可以是 byte、short、int 或 char,而不可以是 long、float、double 和 boolean。

(2)每个 case 后面都是常量表达式,其中不可以出现变量。每个 case 的常量表达式的值必须互不相同,否则就会出现互相矛盾的现象。

(3)从形式上来说,break 语句并不是必需的。但去掉 break 语句以后,程序流程会发生变化。例如,如果把语句序列 2 后面的 break 语句删除,那么当表达式 A 的值与常量表达式 2 的值相等,不仅会执行语句序列 2,还会执行其后的语句,一直执行至遇到 break 语句或者是 switch 语句结束。

例 3-5　用 switch 语句重新编写。

【程序】

```java
import java.util.*;
class Main{
    public static void main(String args[]){
        Scanner kb=new Scanner(System.in);
        int a,b,t,yourAnswer,op,myAnswer;
        a=(int)(Math.random()*10);
        b=(int)(Math.random()*10);
        op=(int)(Math.random()*3);
        switch(op){
            case 0:
                System.out.printf("%d+%d=",a,b);
                myAnswer=a+b;
                break;
            case 1:
                if(a<b){
                    t=a;  a=b;  b=t;
                }
                System.out.printf("%d-%d=",a,b);
                myAnswer=a-b;
                break;
            default:
                System.out.printf("%d*%d=",a,b);
                myAnswer=a*b;
        }
        yourAnswer=kb.nextInt();
```

```
        if(yourAnswer==myAnswer){
            System.out.printf("Good!\n");
        }else{
            System.out.printf("Wrong!\n");
        }
    }
}
```

【运行示例】

```
第1次运行
14-9=6↙
Wrong!
第2次运行
9+7=16↙
Good!
```

【程序说明】

程序中op的值是用随机方法生成的,其值只能是0,1或2。因此default分支对应于op值为2的情况,也可以替换为case 2。另外default分支后面没有其他分支,因此语句序列后面可以没有break语句。

3.2 循环控制结构

在程序设计中,循环结构用于有规律地反复执行某一程序块,被重复执行的程序块称为"循环体"。Java语言中提供的循环结构语句有:while语句、do-while语句、for语句等。

3.2.1 while语句实现的循环结构

while语句的一般格式为:

while(条件表达式)
    循环体

while 语句

循环体可以是单个语句,也可以包含多条语句。如果循环体包含多条语句,必须写成块语句的形式,也就是写在一对花括号内。

功能:布尔表达式的值为true时执行循环体,否则结束循环。

如图 3-3 所示,while 语句的特点是:先判断条件,后执行循环体。

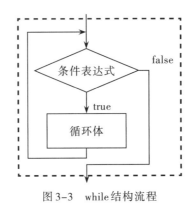

图 3-3　while 结构流程

例 3-6　随机生成 10 道 20 以内的加法测试题。由计算机对测试者输入的计算结果进行评判,输出做对的题目数。

【程序】

```java
import java.util.*;
class Main{
    public static void main(String args[]){
        Scanner kb=new Scanner(System.in);
        int a,b,answer;
        int i,k;
        i=k=0;
        while(i<10){
            a=(int)(Math.random() * 20);
            b=(int)(Math.random() * 20);
            System.out.printf("%d+%d=",a,b);
            answer=kb.nextInt();
            if (a+b==answer){
                k++;
            }
            i++;
        }
        System.out.printf("你做对了%d题",k);
    }
}
```

【程序说明】

变量 k 用来存放做对的题数,变量 i 用来统计循环次数。

在写循环语句之前,通常要对循环中涉及的变量进行初始化,比方说 i 用来计数,循环之前一般赋值为 0。count 用来存放做对的题数,循环之前也必须赋值为 0。

用while循环编写程序需要明确两个问题:其一是什么样的操作需要循环体执行的;其二是循环什么时候停下来。

这里明显需要循环体的操作有:生成和显示算式、输入计算结果以及对计算结果正确性的判定。还有一个不太明显的重复操作是计数! 因为要重复10次,做一次,数一次。做满10次循环结束。

3.2.2 do while语句实现的循环结构

一般格式为:

do
    循环体
while (条件表达式);

do-while语句执行流程如图3-4所示。首先执行循环体语句,然后检查循环条件。如果布尔表达式为true就继续循环,否则循环结束。

可以看出,do-while语句和while语句的区别在于:while语句是先判断后执行,而do-while语句是先执行后判断;while语句循环体可能一次都不执行,而do-while语句无论条件真假,循环体至少执行一次。

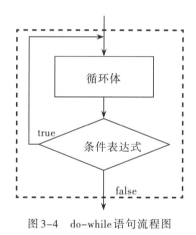

图3-4　do-while语句流程图

例3-7　用do while语句实现例3-6。
【程序】

```
import java.util.*;
class Main{
    public static void main(String args[]){
        Scanner kb=new Scanner(System.in);
        int a,b,answer;
        int i,k;
```

```
            i=k=0;
            do{
                a=(int)(Math.random() * 20);
                b=(int)(Math.random() * 20);
                System.out.printf("%d+%d=",a,b);
                answer=kb.nextInt();
                if(a+b==answer){
                    k++;
                }
                i++;
            }while (i<10);
            System.out.printf("你做对了%d题",k);
        }
}
```

【程序说明】

do-while 循环体中包含以下操作：生成和显示算式、输入计算结果、对计算结果正确性的判定，以及更新循环控制变量值。i 的值在循环前被初始化为 0，i 的值为 0，1，2，…，9 时执行循环体，i 的值为 10 时循环终止。i 的值从 0 开始，一步一步增加到 10 后循环终止，循环体做了 10 次。

3.2.3　for 语句实现的循环结构

for语句的一般形式为：

for 语句

for(表达式 1；表达式 2；表达式 3)
　　　循环体

表达式 1 通常是初始化语句，在循环开始以前执行一次，用于变量初始化。表达式 2 必须为布尔类型，是循环体执行的条件，表达式 3 用于在循环体执行后，修改循环条件相关变量的值。

for语句的执行流程如图 3-5 所示，首先执行"表达式 1"，再判断循环条件，如果表达式 2 值为 false，则结束循环，否则执行循环体和表达式 3，然后继续判断循环条件。

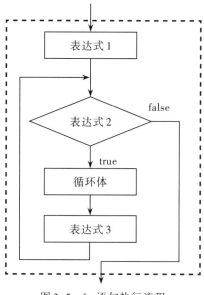

图 3-5　for 语句执行流程

例如,若有定义

```
double sum = 0;
for(int i = 1;i<=10;i++){
    System.out.println(i);
    sum+=i;
}
```

那么计算数学表达式 1+1/2+1/3+…+1/100 的程序段为:

```
for(i = 1; i <= 100 ; i++) sum += 1.0 / i;
```

for 语句的一般形式中的表达式 1、表达式 2、表达式 3 都可以为空,但两个分号不可以省略。如果表达式 2 为空,则相当于表达式 2 为 true,即条件成立,那么需要其他方式终止循环。例如,上面的 for 语句也可以写为:

【程序段1】

```
i=1;
for(; i <= 100 ; i++)   sum += 1.0 / i;
```

【程序段2】

```
i=1;
for(; i <= 100 ;){
```

```
        sum += 1.0 / i;
        i++;
}
```

【程序段3】

```
i=1;
for( ; ; ){
    sum += 1.0 / i;
    i++;
    if (i >100) break;
}
```

在程序段3的循环体中,当i>100时执行break语句终止循环。

需要指出的是,虽然表达式1、表达式2和表达式3可以为空,但完整的for语句更加清晰。

例3-8　用for语句实现例3-6。

【程序】

```java
import java.util.*;
class Main{
    public static void main(String args[]){
        Scanner kb=new Scanner(System.in);
        int a,b,answer;
        int i,k;
        k=0;
        for(i=0;i<10;i++){
            a=(int)(Math.random() * 20);
            b=(int)(Math.random() * 20);
            System.out.printf("%d+%d=",a,b);
            answer=kb.nextInt();
            if(a+b==answer){
                k++;
            }
        }
        System.out.printf("你做对了%d题",k);
    }
}
```

【程序说明】

例3-6、例3-7、例3-8分别用while、do-while和for语句实现同样的功能,这三种语句都是通用的,但形式上各有特色、略有不同。如果事先可以确定循环次数,那么采用for语句编写的程序会更加清晰。

3.2.4　break语句

在switch结构中,break语句用于退出switch语句。break语句也可以用在循环结构中,与if语句配合,实现在一定条件下终止循环。

例3-9　随机生成10道20以内的加法测试题。由计算机对测试者输入的计算结果进行评判,只要有一题答错,测试者立即失去答题机会。

【程序】

```java
import java.util.*;
class Main{
    public static void main(String args[]){
        Scanner kb=new Scanner(System.in);
        int a,b,answer;
        int i,k,flag;
        flag=1;
        for(i=0;i<10;i++){
            a=(int)(Math.random() * 20);
            b=(int)(Math.random() * 20);
            System.out.printf("%d+%d=",a,b);
            answer=kb.nextInt();
            if(a+b!=answer){
                flag=0;
                break;
            }
        }
        if(flag==1){
            System.out.printf("Congratulations!\n");
        }else{
            System.out.printf("Fail.\n");
        }
    }
}
```

【程序说明】

在for语句的循环体中,首先生成并显示加法题,然后接受用户输入计算结果,其后的if

语句对计算结果进行判定。如果条件为真,也就是输入的结果与正确结果不相等,就会执行 break 语句。一旦执行了 break 语句,就会直接跳出当前循环,不管是循环体中后继的其它语句,还是 for 语句结构中的表达式 2 和表达式 3 都不会再执行。也就是说,在答题过程中,只要有一个题目答错,循环马上终止。

程序中的变量 flag 用来表示用户是否全部答对 10 个题目。在循环开始前,flag 初始化为 1,即当前没有答错的题目。如果全部答对,那么 flag 的值保持为 1。如果某个题目答错,则在 break 语句之前,flag 被置为 0。这样循环结束以后,就可以通过 flag 的值输出相应的提示信息。

3.2.5 continue 语句

break 和 continue

continue 语句只能用在循环结构中。如果在循环体中执行了 continue 语句,则跳过本轮循环的剩余语句,转而进行下一轮循环条件的判定,并根据判定再一次执行循环体,或终止循环。continue 语句只结束本轮循环,而不终止整个循环的执行。而 break 语句则是结束整个循环过程。

例 3-10 在例 3-9 的基础上增加一个新功能,给测试者提供的算式结果均小于 20。
【程序】

```java
import java.util.*;
class Main{
    public static void main(String args[]){
        Scanner kb=new Scanner(System.in);
        int a,b,answer;
        int i,k,flag;
        flag=1;
        i=0;
        while(i<10){
            a=(int)(Math.random() * 20);
            b=(int)(Math.random() * 20);
            if(a+b>=20) continue;
            System.out.printf("%d+%d=",a,b);
            answer=kb.nextInt();
            if(a+b!=answer){
                flag=0;
                break;
            }
            i++;
        }
        if(flag==1){
```

```
                System.out.printf("Congratulations!\n");
            }else{
                System.out.printf("Fail.\n");
            }
        }
    }
```

【程序说明】

本程序的功能要求是给测试者提供运算结果均小于20的算式。为此在循环体中,先产生两个随机整数,然后判断两数之后是否大于等于20。如果条件成立,就会执行continue语句放弃执行循环体中的剩余语句,转去重新检查循环条件,也就是说刚刚这个不符合题目要求的算式被丢弃。相反,如果判断两数之和小于20,就不执行continue语句,也就会继续执行循环体的剩余语句,即显示加法题、接受键盘输入以及判断正确性等。

实际上,如果不用continue语句,也可以用下面的程序段替代程序中的while结构,实现完全相同的功能。

```
while(i<10){
    a=(int)(Math.random() * 20);
    b=(int)(Math.random() * 20);
    if(a+b<20){
        System.out.printf("%d+%d=",a,b);
        answer=kb.nextInt();
        if(a+b!=answer){
            flag=0;
            break;
        }
        i++;
    }
}
```

3.2.6 循环嵌套

当一个循环语句的循环体中包含另一个循环语句时,就构成了循环的嵌套,前面介绍的三种循环都可以构成嵌套结构。

循环嵌套

图3-6的程序段就是表达式$1+1/2!+1/3!+\cdots+1/100!$的值。内层循环重复i次,每次循环完成一次乘法。外层循环重复100次,每次累加1项(1/item),其中item的值(也就是i!)由内层循环计算得到。

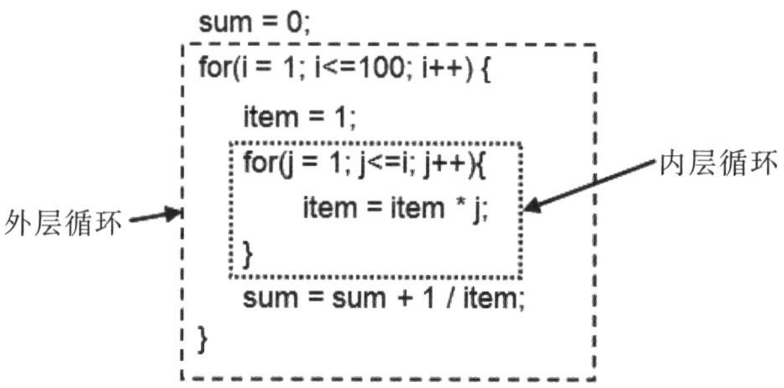

```
sum = 0;
for(i = 1; i<=100; i++) {
    item = 1;
    for(j = 1; j<=i; j++){
        item = item * j;
    }
    sum = sum + 1 / item;
}
```

外层循环 ← 　　　　　　　　　　　　　　　 → 内层循环

图 3-6　循环嵌套结构

例 3-11　随机生成 10 道 20 以内的加法测试题。由计算机对测试者输入的计算结果进行评判,每个题目有三次答题机会。

【程序】

```java
import java.util.*;
class Main{
    public static void main(String args[]){
        Scanner kb=new Scanner(System.in);
        int a,b,k,answer;
        int i,times;
        for(i=0,k=0;i<10;i++){
            a=(int)(Math.random() * 20);
            b=(int)(Math.random() * 20);
            System.out.printf("%d+%d=",a,b);
            for(times=0;times<3;times++){
                answer=kb.nextInt();
                if(a+b==answer){
                    System.out.printf("Good");
                    k++;
                    break;
                }else{
                    System.out.printf("Wrong");
                }
            }
        }
        System.out.printf("答对了%d题. ",k);
    }
}
```

【程序说明】

外层循环重复 10 次,每循环一次执行的操作包括:生成并显示加法题,以及内层 for 循环。内层循环最多重复3次,内层循环的循环体包含输入语句和if语句,如果输入的计算结果与正确结果不相等,则输出"Wrong"提示后,执行 times++,再去检查循环条件。如果输入的计算结果与正确结果相等,则输出"Good"提示后,执行k++,再执行 break 语句。请注意,break 语句只能跳出直接包含它的内层循环,也就是说,执行 break 语句之后会转去执行外层循环的i++,再进行外层循环的循环条件判定。

3.2.7　带标号的 break 语句

在嵌套循环结构中,不带标号的 break 语句仅可以终止它所在的最内层的循环,带标号 break 语句则可以跳出标号所指定的循环,如果标号指向外层循环,那么 break 跳出外层循环;如果标号指向内层循环,那么 break 跳出内层循环。

带标号 break 语句的基本格式是:

break 标号名

例 3-12　随机生成10道20以内的加法测试题。由计算机对测试者输入的计算结果进行评判,每个题目可有三次答题机会。如果答错总次数达到10,测试结束,判定为失败(Failed)

【程序】

```java
import java.util.*;
class Main{
    public static void main(String args[]){
        Scanner kb=new Scanner(System.in);
        int a,b,k,answer;
        int i,times,total;
        total=0;
        L1:
        for(i=0,k=0;i<10;i++){
            a=(int)(Math.random() * 20);
            b=(int)(Math.random() * 20);
            System.out.printf("%d+%d=",a,b);
            L2:
            for(times=0;times<3;times++){
                answer=kb.nextInt();
                if(a+b==answer){
                    System.out.printf("Good! ");
                    k++;
                    break L2;
                }else{
```

```
                          System.out.printf("Wrong. ");
                          if(++total==10) break L1;
                      }
                  }
              }
              if(total<10){
                  System.out.printf("Pass. ");
              }else{
                  System.out.printf("Failed. ");
              }
          }
      }
```

【程序说明】

程序中定义了 L1、L2 两个标号,分别对应外层循环语句和内层循环语句。每加法练习题,有三次答题机会,但只要答对就马上退出内层循环,显然这里的"break L2",可以替换为"break"。

变量 total 用于统计总的答错次数,如果 total 值为 10 时,执行"break L1"语句,跳出外层循环,测试结束。

3.2.8　带标号的 continue 语句

continue 语句也可以带标号,当在循环结构中执行带标号 continue 语句时,将直接执行标号所指向的循环结构的下一次循环。带标号的 continue 语句一般用于嵌套的循环结构中。

例 3-13　随机生成 10 道 20 以内的加法测试题。由计算机对测试者输入的计算结果进行评判,每个题目有三次答题机会。

【程序】

```
import java.util.*;
class Main{
    public static void main(String args[]){
        Scanner kb=new Scanner(System.in);
        int a,b,k,answer;
        int i,times;
        L1:
        for(i=0,k=0;i<10;i++){
            a=(int)(Math.random() * 20);
            b=(int)(Math.random() * 20);
```

```
            System.out.printf("%d+%d=",a,b);
            for(times=0;times<3;times++){
                answer=kb.nextInt();
                if(a+b==answer){
                    System.out.printf("Good!\n");
                    k++;
                    continue  L1;
                }
                System.out.printf("Wrong!\n");
            }
        }
        System.out.printf("答对了%d题 .\n",k);
    }
}
```

【程序说明】

程序中的内层循环使得每道题目最多可有 3 次答题机会。当输入的计算结果正确时，就会执行"continue L1"语句，从而放弃执行本轮循环的剩余语句，进入下一次循环的判定与执行。由于这里的 L1 对应于外层循环，因此所谓"本轮循环的剩余语句"不仅包括内层循环的剩余语句，还包括外层循环的剩余语句，也就是说，程序流程直接转去执行外层 for 循环的表达式 3(i++)，接下来再判断外层循环条件(i<10)，根据条件确定是否进入外层循环的循环体。

3.3   一维数组

3.3.1   一维数组的声明与访问

1.一维数组的声明

一维数组必须先声明后使用。声明数组时，需要指明数组名称、数组元素的数据类型。一维数组声明语法格式有下面两种，建议使用前一种方式。

方式一：**数组元素类型[] 数组名;**

例如：

```
int[] a;
double[] b;
```

方式二:**数组元素类型 数组名[];**

例如:

```
int  a[];
double  b[];
```

2.一维数组的创建

声明数组仅仅给出了数组的名称和其中可存放数据的类型,而要真正使用数组来保存数据,还必须为该数组分配内存空间,即创建数组。在创建数组时,必须指明数组的长度,即数组中可存储的数据个数。

Java 语言中创建数组的语法格式为:

数组名 = new 数组元素类型[数组长度];

例如,对于前面声明的数组 a 和 b,可以进一步来创建:

```
a = new  int[20];
b = new  double[10];
```

也可以将数组的定义和创建合二为一。例如:

```
int[]  a = new  int[20];
double[]  b = new  double[10];
```

数组创建之后,系统为每个数组元素分配一个初始值,如 int 型为 0,float 或 double 为 0.0,char 型为'\0',boolean 型为 false。

请注意,数组一旦被创建,其大小就无法改变。

3.一维数组的初始化

在定义数组的同时,可以对数组进行初始化,也就是为数组元素设置指定的初始值。例如:

```
int[]  a ={ 9, 12, -1, 3, 6 };
或者:
int[]  a = new  int[]{ 9, 12, -1, 3, 6 };
```

声明了一个 int 类型的数组 a,并且用大括号中的数据对这个数组进行了初始化,各个数据之间用“,”分割开。此时数组的大小由大括号中的用于初始化数组的元素个数决定,注意不要在数组声明中指定数组的大小,否则将会引起错误。例如:

```
int a[20] ={ 9, 12, -1, 3, 6 };  //编译出错
```

4.一维数组元素的访问

声明并创建数组以后,就可以访问它了。但需要注意的是,数组的访问以元素为单位,而不能直接访问数组整体。数组元素可通过下标访问,形式为:

一维数组实例

数组名[下标]

例如:

```
a[0] = 3;
s=s+a[i];
```

下标可以是整型表达式。Java中数组元素的下标从0开始,因此若数组长度为n,则下标从0开始,最大为n-1。程序中可以使用如下形式的表达式,来获得数组的长度值,也就是数组的元素个数。

数组名 .length

例如,若有定义:

```
a = new int[20];
b = new double[10];
```

则a.length、b.length的值分别为20和10。

例3-14 输入一个班10个学生的数学成绩,求这10个学生的平均成绩。

【程序】

```java
import java.util.Scanner;
public class Main{
    public static void main(String[] args){
        Scanner kb=new Scanner(System.in);
        double[] a = new double[10];
        double sum = 0;
        for(int i=0;i<a.length;i++){
            a[i] = kb.nextDouble();
        }
        for(int i=0;i<a.length;i++){
            sum = sum + a[i];
        }
        System.out.println(sum/a.length);
    }
}
```

【程序运行】

输入内容为:

60↙ 61↙ 62↙ 63↙ 64↙ 65↙ 66↙ 67↙ 68↙ 69↙

显示输出内容为:

64.5

【程序说明】

一旦数组被建立,数组就具有固定大小。因此,数组引用使用的下标必须指向有效的数组元素,即下标范围必须是0到N-1(N为数组长度)。

5.foreach 的使用

foreach 语句是 Java 5 的新特征之一,在遍历数组、集合方面,foreach 为开发人员提供了极大的方便。

Java 中可以通过 for 循环实现 foreach 遍历,遍历数组中的每一项,其语法格式定义如下:

for(元素类型 T 元素变量 x : 集合或数组对象 obj){
　　引用了 x 的 Java 语句;
}

例 3-15　用 foreach 实现上例。
【程序】

```
import java.util.Scanner;
public class Main{
    public static void main(String[] args){
        Scanner kb=new Scanner(System.in);
        double[] a = new double[10];
        double sum = 0;
        for(int i=0;i<a.length;i++){
            a[i] = kb.nextDouble();
        }
        for(double x : a){
            sum = sum + x;
        }
        System.out.println(sum/a.length);
    }
}
```

【程序运行】

输入内容为:

60↙ 61↙ 62↙ 63↙ 64↙ 65↙ 66↙ 67↙ 68↙ 69↙

显示输出内容为:

64.5

【程序说明】

foreach 语句是 for 语句的特殊简化版本,但是 foreach 语句并不能完全取代 for 语句。如果要引用数组或者集合的索引,则 foreach 语句无法做到,foreach 仅仅是简单地遍历一遍数组或者集合。

3.3.2 选择排序

排序是指将一组无序的数据,重新排列成一组有序(升序或降序)序列的过程。比如要把"92,23,40,90,82,34,12,98,35,5"这 10 个数从小到大排序,最后得到排序后的结果是"5,12,23,34,35,40,82,90,92,98"。

n 个数据选择排序(升序)的思想是如下:

第 1 步:在未排序的 n 个数(a[0]~a[n-1])中找到最小数,将其与 a[0]交换;
第 2 步:在剩下未排序的 n-1 个数(a[1]~a[n-1])中找到最小数,将其与 a[1]交换;
第 3 步:在剩下未排序的 n-2 个数(a[2]~a[n-1])中找到最小数,将其与 a[2]交换;
……

第 n-1 步:在剩下未排序的 2 个数(a[n-2]~a[n-1])中找到最小数,将其与 a[n-2]交换;
可以归纳出如下 n 个数据选择排序的算法:

```
for (int i = 0; i < n-1; i++){
    找出 a[i]~a[n-1]之间值最小的数组元素的下标 k;
    交换 a[i]和 a[k]
}
```

例 3-16 创建长度为 10 的整型一维数组,元素初始值为随机正整数,用选择法排序输出。

【程序】

```
class Main{
    public static void main(String[] args){
        int[] a = new int[10];
        int minIndex;
```

```java
        for(int i = 0;i<=a.length−1;i++){
            a[i]= (int)(Math.random()*100);
            System.out.printf("%d ",a[i]);
        }
        System.out.println();
        for(int i = 0; i < a.length−1; i++){
            minIndex = i;
            for(int j = i + 1; j < a.length; j++)
                if(a[j] < a[minIndex]){
                    minIndex = j;
                }
                if(minIndex != i){
                    int tmp = a[i];
                    a[i] = a[minIndex];
                    a[minIndex] = tmp;
                }
        }
        System.out.println("排序后的数据为:");
        for(int x : a){
            System.out.printf("%d ",x);
        }
    }
}
```

【程序说明】

程序中,在查找最小值的过程中,记录下标值minIndex,然后进行比较和交换。

3.3.3　冒泡排序

冒泡同样是一种经典的排序方法。其基本思想是:从数组的第一个元素开始,数组前后两个元素两两比较,如果两个元素顺序不满足要求,相互交换位置。这样,经过第一轮比较,则数组中最大的元素到达数组末尾,经过第二轮比较,数组中次大的元素到达数组倒数第二的位置。重复以上步骤,则数组中所有元素即完成了从小到大的排序。由于该排序类似于气泡小的上升,大的沉底,故名冒泡法。冒泡排序的算法过程如下(以 N 个数从小到大排序为例):

(1)第 1 轮冒泡排序:对 N 个数的每相邻两数进行比较,如果不是从小到大的顺序,则交换两数。结果:最大的数被安置在最后一个位置上;

(2)第 2 轮冒泡排序:对前面的 N−1 个数进行冒泡。结果:次大的数被安置在最后第二的位置上；

（3）重复上述过程；共经过N-1轮冒泡排序后,排序结束。

例3-17 创建长度为10的整型一维数组,元素初始值为随机正整数,用冒泡法排序输出。

【程序】

```java
class Main{
    public static void main(String[] args){
        int[] a = new int[10];
        Random r = new Random();
        for(int i=0 ;i<=a.length-1;i++){
            a[i]= r.nextInt(90)+10;
            System.out.print(a[i]+ " ");
        }
        System.out.println();
        for(int j=1;j<a.length;j++){
            for(int i=0;i<a.length-j;i++){ // 待排的数据为 0,1,2,...,n-j-1,n-j
                if(a[i] > a[i+1]){
                    int temp=a[i];
                    a[i]=a[i+1];
                    a[i+1]=temp;
                }
            }
        }
        System.out.println("排序后的数据为： ");
        for(int x : a)
            System.out.print(x+" ");
    }
}
```

【程序说明】

外层循环含义为:需要遍历a.length-1次数组,才能将数组排好序；

内层循环含义为:待排序区域的起始和结尾位置。

3.4　二维数组

3.4.1　二维数组的声明、创建与初始化

二维数组类似于一个二维矩阵。通过行下标和列下标来标识二维数组中的某一个元素,其中数组行下标和列下标均从 0 开始。

1.二维数组声明

同一维数组类似,二维数组的声明方式也有以下两种:

方式一:数据类型[][]　数组名称;

例如:double[][] b;

方式二:数据类型　数组名称[][];

例如:double b[][];

2.二维数组创建

同一维数组类似,通过 new 运算符进行二维数组的创建。创建每一行的列数都相同的二维数组的语法如下:

数组名称 = new 数据类型[数组行数][数组列数];

例如:对于前面声明,可以用如下语句创建 3 行 4 列的二维数组 b:

```
b = new double[3][4];
```

与一维数组类似,也可以将声明和创建合二为一:

```
double [][]b = new double[3][4];
```

Java 语言不要求二维数组每一行的元素个数相同,例如:

```
int [][]a;
a =new int[3][];
a[0]=new int[2]; //此行 2 个元素
a[1]=new int[3]; //此行 3 个元素
a[2]=new int[4]; //此行 4 个元素
```

a 数组中元素的分布,如图 3-7 所示。

a[0][0]	a[0][1]		
a[1][0]	a[1][1]	a[1][2]	
a[2][0]	a[2][1]	a[2][2]	a[2][3]

图3-7 元素分布图

3.二维数组初始化

同一维数组一样,二维数组创建之后,系统为每个数组元素分配一个默认的值,如int型数据的值为0,而double型数据的值为0.0。

在声明数组的同时,也可以给数组中的元素赋值,例如:

```
int  score[][]  ={{85,90,65},{70,93,88}}; //数组行数为2,列数为3
double  weight[][]={{61.5,70.3},{ 91.4,89.5 }}; //2行2列的数组
```

需要注意的是,在声明二维数组的同时给数组中的元素赋值时,必须用大括号{}将数组中的行元素括起来,不同行元素之间用逗号分隔开来。

对于每一行的元素个数不一样的二维数组,可以如下方式初始化:

```
int  score[][]  ={{60},{85,90},{70,93,88}};
```

则数组score第一行有1个元素,第二行2个元素,第三行3个元素。

4.二维数组元素的引用

可以通过行下标和列下标来引用二维数组中的某一个数组元素,其中数组行下标和列下标也均从0开始。因此,对一个2行3列数组,则其行下标为0和1,列下标为0,1,2。否则,程序将发生数组下标越界异常。

和一维数组不同的是,二维数组的length属性指明了数组的行数。数组名称.length可以得到数组的行数,通过数组名称[i].length可以得到数组第i行的列数。

例3-18 输入10个学生4门课的成绩,计算输出每位同学的总成绩。
【程序】

```
import  java.util.Scanner;
class  Main{
    public  static  void  main(String[]  args){
        Scanner  kb=new  Scanner(System.in);
        double[][]  a  =  new  double[10][4];
        double  sum;
        for(int  i=0;i<a.length;i++){
            for(int  j  =  0  ;j  <  4;  j++){
                a[i][j]  =  kb.nextDouble();
            }
        }
```

```
            for(int  i=0;i<a.length;i++){
                sum  =  0 ;
                for(int  j  =  0  ;j<4;j++){
                    sum  =  sum  +  a[i][j];
                }
                System.out.printf("第%d个同学总分为:%.2f\n",i,sum);
            }
        }
    }
```

【程序说明】

外层循环变量 i 控制矩阵的行数,内层循环变量 j 控制矩阵的列数。

3.4.2　用二维数组表示矩阵

矩阵是由 $m \times n$ 个数 a_{ij} 排成的 m 行 n 列的数表,记作:

$$A = \begin{bmatrix} a_{11} & a_{12} & \cdots & a_{1n} \\ a_{21} & a_{22} & \cdots & a_{2n} \\ a_{31} & a_{32} & \cdots & a_{3n} \\ \vdots & \vdots & \vdots & \vdots \\ a_{m1} & a_{m2} & \cdots & a_{mn} \end{bmatrix}$$

矩阵是高等代数学中的常见工具,也常见于统计分析等应用数学学科中。在物理学中,矩阵在电路学、力学、光学和量子物理中都有应用;计算机科学中,三维动画制作也需要用到矩阵。矩阵的运算是数值分析领域的重要问题。二维数组是矩阵的常用表示方式。

需要注意的是,数学上将矩阵的下标从 1 开始,而 Java 中数组的行下标和列下标都从 0 开始。

例 3-19　矩阵乘法运算

$$(AB)_{ij} = \sum_{k=1}^{p} a_{ik} b_{kj} = a_{i1} b_{1j} + a_{i2} b_{2j} + \cdots + a_{ip} b_{pj}$$

设 A 为 $m*p$ 的矩阵,B 为 $p*n$ 的矩阵,那么称 $m*n$ 的矩阵 C 为矩阵 A 与 B 的乘积。其中矩阵 C 中的第 i 行第 j 列元素可以表示为:

例如:

$$C = AB = \begin{pmatrix} 1 & 2 & 3 \\ 4 & 5 & 6 \end{pmatrix} \begin{pmatrix} 1 & 4 \\ 2 & 5 \\ 3 & 6 \end{pmatrix} = \begin{pmatrix} 1 \times 1 + 2 \times 2 + 3 \times 3 & 1 \times 4 + 2 \times 5 + 3 \times 6 \\ 4 \times 1 + 5 \times 2 + 6 \times 3 & 4 \times 4 + 5 \times 5 + 6 \times 6 \end{pmatrix} = \begin{pmatrix} 14 & 32 \\ 32 & 77 \end{pmatrix}$$

【程序】

```
class Main{
    public static void main(String[] args){
        int i, j, k;
```

```
int A[][] ={{ 1, 2, 3 },{ 4, 5, 6 } };
int B[][] ={{ 1, 4 },{2, 5},{3, 6 } };
int result[][] = new int[A.length][B[0].length];
for(i = 0; i < A.length; i++){            //行数
    for(j = 0; j < B[0].length; j++){     //列数
        result[i][j] = 0;
        for(k = 0; k < B.length; k++){
            result[i][j] += A[i][k] * B[k][j];
        }
    }
}
System.out.println("矩阵 A×B的结果是 :");
for(i = 0; i < result.length; i++){
    for(j = 0; j < result[i].length; j++){
        System.out.printf( "%8d",result[i][j]);
    }
    System.out.println();
}
}
}
```

【程序说明】

二维数组 A 的长度是 2,B 的长度是 3,三重循环中,最内层循环 k 的值从 0 到 2 之间进行累加计算。

3.5 范 例

范例 3-1 "星光不问赶路人、时光不负有心人",我们要有一种"时不我待"的精神,积极向上的心态迎接每一秒,永远要记得下一时、下一分和下一秒。

输入某一时刻的时、分、秒值,计算输出下一秒的时、分、秒值。

【分析】

本例用 if 语句实现选择结构。先对秒(second)进行自增操作,再判断其是否等于 60,如果条件为真,将 second 置为 0 并在分(minute)自增之后判断 minute 是否等于 60,如果条件为真,再将 minute 置为 0,hour 加 1。同样 hour 加 1 之后,需要判断是否为 24,如果条件为真,则将 hour 赋值为 0。

程序中第 1 个 if 语句包含第 2 个 if 语句,第 2 个 if 语句包含第 3 个 if 语句,这就是所谓的嵌套 if 结构。

【程序】

```java
import java.util.*;
class Main{
    public static void main(String args[]){
        Scanner sc=new Scanner(System.in);
        int hour,minute,second;
        hour=sc.nextInt();
        minute=sc.nextInt();
        second=sc.nextInt();
        if(++second==60){
            second=0;
            if(++minute==60){
                minute=0;
                if(++hour==24){
                    hour=0;
                }
            }
        }
        System.out.printf("%02d:%02d:%02d",hour,minute,second);
    }
}
```

范例 3-2　输入百分制成绩,输出相应的等级。

【分析】

本例用 switch 语句实现多分支结构。百分制成绩与等级的对应关系,如表 3-1 所示。

表 3-1　百分制成绩与等级的对应关系

成绩区间	对应等级
[90, 100]	优秀
[80, 90)	良好
[70, 80)	中等
[60, 70)	及格
[0, 60)	不及格

　　表达式 grade/10 的计算值是 0~10 之间的整数,通过这个整型值,可以知道分数所在的区间,也就明确了分数对应的等级。因此 switch 语句按表达式 grade/10 的值分情况处理。

　　case 10:后面的语句序列为空,同时也没有 break 语句,因此会继续执行其后 case 9:对应的语句序列。通过这种方式使得两个值共享同一个分支。

【程序】

```java
import java.util.*;
class Main{
    public static void main(String args[]){
        Scanner kb=new Scanner(System.in);
        int grade=kb.nextInt();
        switch(grade/10){
            case 10:
            case 9:
                System.out.print("优秀");
                break;
            case 8:
                System.out.print("良好");
                break;
            case 7:
                System.out.print("中等");
                break;
            case 6:
                System.out.print("及格");
                break;
            default:
                System.out.print("不及格");
        }
    }
}
```

范例3-3 输入一批学生的成绩,计算并输出平均分。

【分析】

本例中没有明确输入成绩的个数。常用的处理方式是约定输入一个特殊的数据作为结束标志。由于成绩不会出现负数,所以程序中选择-1作为结束标志。也就是逐个输入数据并处理,一旦读到数据-1后,停止数据的输入和处理。因此,循环条件是grade>=0,而且循环之前需要先接收一个数据输入。

【程序】

```java
import java.util.*;
class Main{
    public static void main(String[] args){
        Scanner kb=new Scanner(System.in);
        double s,grade;
```

```
            int num;
            s=0;
            num=0;
            grade=kb.nextDouble();
            while(grade>=0){
                s=s+grade;
                num++;
                grade=kb.nextDouble();
            }
            if(num>0){
                System.out.printf("%.1f",s/num);
            }
        }
    }
```

范例3-4 输入一个整数,输出该数的位数。

【分析】

为了统计整数的位数,可以不断将其整除10,在整除的同时进行计数,最终该数会变成0。例如:123/10值为12,12再整除10,商为1,1再整除10,商为0,循环结束。一共循环了3次,由此可得到123的位数为3。

本例采用do while语句比较方便。而如果采用while语句,在输入为0时很容易产生错误的输出结果。

【程序】

```
import java.util.*;
class Main{
    public static void main(String[] args){
        Scanner kb=new Scanner(System.in);
        int num,count;
        num=kb.nextInt();
        count=0;
        do{
            num=num/10;
            count++;
        }while(num!=0);
        System.out.printf("%d",count);
    }
}
```

范例 3-5 输入 10 个学生的成绩,输出最高分。

【分析】

用变量 max 存放最大值。将输入的第一个成绩作为 max 的初始值,然后将后续输入的每个数据与 max 比较,若输入的值大于 max,则修改 max 值为当前输入值。这样,依次比较全部数据,max 中即为最大值。

max 的初始值设置,是一个需要小心处理的问题。本例中把输入的第一个成绩作为 max 的初始值,是一个较好的处理方式。由于第一个数据在循环前输入,所以 for 语句的循环体只需要重复执行 9 次,处理剩余的 9 个数。

【程序】

```java
import java.util.*;
class Main{
    public static void main(String[] args){
        Scanner kb=new Scanner(System.in);
        double max,grade;
        int i;
        max=kb.nextDouble();
        for(i=1;i<10;i++){
            grade=kb.nextDouble();
            if(grade>max){
                max=grade;
            }
        }
        System.out.printf("%.1f",max);
    }
}
```

范例 3-6 输出斐波那契(Fibonacci)数列的第 50 项。

【分析】

斐波那契数列指的是这样一个数列:$0,1,1,2,3,5,8,13,21,34,\cdots$。在数学上,斐波那契数列定义如下:

$$a_0=0$$
$$a_1=1$$
$$a_n=a_{n-1}+a_{n-2} \quad (n\geq 2)$$

【程序】

```java
public class Main {
    public static void main(String[] args) {
```

```
        long  a[]  =  new  long[50];
        a[0]  =  a[1]  =  1;
        for(int  i  =  2;  i  <  50;  i++)  {
            a[i]  =  a[i  −  1]  +  a[i  −  2];
        }
        System.out.println(a[49]);
    }
}
```

范例 3-7　用欧几里得算法求解最大公约数问题。

【分析】

欧几里得算法又称辗转相除法,用于计算两个正整数 p,q 的最大公约数。

①r = q % p

②若 r 等于 0,则 q 为最大公约数,算法结束;否则执行第③步。

③q = p,p = r

④重新执行第①步

用循环结构实现了上述算法。

【程序】

```
import java.util.*;
public class Main{
    public static void main(String[] args) {
        System.out.println("输入两个正整数:");
        Scanner scanner = new Scanner(System.in);
        int num1 = scanner.nextInt();
        int num2 = scanner.nextInt();
        // 交换两个元素的值
        int temp = 0;
        if(num1 < num2) {
            temp = num1;
            num1 = num2;
            num2 = temp;
        }
        // 利用辗转法求最大公约数
        while(num2 != 0) {
            temp = num1 % num2;
            num1 = num2;
            num2 = temp;
        }
```

```
        // 最大公约数 max
        int max = num1;
        System.out.println("最大公约数为:" + max);
    }
}
```

范例3-8 用格里高利公式求 π 的近似值。

【分析】

17世纪,英国人格里高利用以下算式计算 π 值,这就是格里高利公式:

$$\frac{\pi}{4} = 1 - \frac{1}{3} + \frac{1}{5} - \frac{1}{7} + \cdots$$

本例利用该公式求 π 的近似值,精确到最后一项的绝对值小于 10^{-8}。

本题没有直接给出循环次数,而是提出了精度要求。精度要求实际上给出了循环的结束条件。在循环执行时,每次计算一个 item 项并累加到 pi,一旦计算出的 item 项的绝对值小于 10^{-8},则循环终止。其中,flag 用于计算每项的符号。

【程序】

```
class    Main{
    public  static  void  main(String[]  args){
        int  d,flag;
        double  item,pi;
        flag=1;
        d=1;
        item=1;
        pi=0;
        while(Math.abs(item)>=1e-8){
            item=(double)flag/d;
            pi=pi+item;
            flag=-flag;
            d=d+2;
        }
        pi=pi*4;
        System.out.printf("%.8f",pi);
    }
}
```

范例3-9 素数判定。

【分析】

素数指的是除了1和自身外,没有其他因子的整数,最小的素数是2。

从定义来看,检查 n 是不是素数其实就是检查 n 有没有除 1 和自身以外的其他因子。

实际上 n 的最大因子不超过 n/2,我们只需要在区间[2,n/2]上寻找因子,因此循环条件是 i <=n/2。循环体中要检查 i 是否为 n 的因子。如果条件为假,说明当前 i 的值不是 n 的因子,修改 i 的值之后继续寻找;如果条件为真,说明 i 不是素数,可以用 break 语句直接从循环体中跳出。这样循环结束以后,可以根据循环结束的方式确定 n 是否为素数。

【程序】

```java
import java.util.*;
class Main{
    public static void main(String args[]){
        Scanner kb=new Scanner(System.in);
        int i,n;
        n=kb.nextInt();
        for(i=2;i<=n/2;i++){
            if(n%i==0){
                break;
            }
        }
        if(i>n/2){
            System.out.printf("Yes!");
        }else{
            System.out.printf("No!");
        }
    }
}
```

范例 3-10　二分法求方程 $\sqrt{x}-\cos x=0$ 的近似解。

【分析】

令 $f(x)=\sqrt{x}-\cos x=0$。由于 $f(0)=-1<0,f(\pi/2)>0$,那么 $f(x)$ 在区间上必定有解。因此本程序用二分法在区间 $(0,\pi/2)$ 上求方程 $f(x)=0$ 的近似解。

在区间 (a,b) 上求方程 $f(x)=0$ 近似解(精度为 10^{-8})的二分算法流程如下:

①求区间 (a,b) 的中点 c。

②计算 $f(c)$,并按如下三种情况进行相应处理。如果 $|f(c)|<10^{-8}$,则 c 就是方程的近似解;如果 $f(a)f(c)<0$,则 b=c;如果 $f(b)f(c)<0$,则 a=c。

③如果 $|a-b|<10^{-8}$,则 c 为近似解,否则转至①。

【程序】

```java
class Main{
    static double f(double x){
        return Math.sqrt(x)-Math.cos(x);
```

```
    }
    public static void main(String[] args){
        double a=0;
        double b=Math.PI/2;
        double c;
        do{
            c=(a+b)/2;
            if(Math.abs(f(c))<1e-7)
                break;
            if(f(c)*f(b)<0)
                a=c;
            else
                b=c;
        }while(b-a>1e-8);
        System.out.printf("%f",c);
    }
}
```

范例3-11　输出"*"构成的塔。输入 n,根据 n 的值,输出 n 层用字符"*"构成的字符塔。如图3-8所示,是5层"*"字符塔。

【分析】

本例演示嵌套循环程序设计,外循环重复 n 次,每次输出一行,循环体输出 bnum 个空格,snum 个"*"。bnum、snum 表示当前输出行的空格个数和"*"个数,初始值分别为 n-1 和 1,随着外循环的循环体重复执行,bnum 减少 1,snum 增加 2。每行的空格和"*"利用两个内循环语句实现。

【程序】

```
import java.util.*;
class Main{
    public static void main(String args[]){
        Scanner sc=new Scanner(System.in);
        int i,j,n;
        int bnum,snum;
        n=sc.nextInt();
        bnum=n-1;
        snum=1;
        for(i=1;i<=n;i++){
            for(j=1;j<=bnum;j++){
                System.out.print("");
```

```
        }
        for(j=1;j<=snum;j++){
            System.out.print("*");
        }
        System.out.println();
        bnum--;
        snum+=2;
    }
  }
}
```

范例3-12　百钱百鸡问题。

【分析】

百钱买百鸡的问题算是一套非常经典的不定方程的问题,题目很简单:公鸡5文钱一只,母鸡3文钱一只,小鸡3只一文钱,

百钱买百鸡的问题算是一个非常经典的不定方程的问题:公鸡5文钱一只,母鸡3文钱一只,小鸡3只一文钱。买一百只鸡,问公鸡,母鸡,小鸡要买多少只刚好凑足100文钱。

这个问题可以通过枚举法来解决。也就是对公鸡、母鸡、小鸡的全部可能只数逐一进行测试,获得其中满足要求的组合。

设i,j,k代表母鸡、公鸡和小鸡的只数。它们可能的取值范围是i为0~33,j为0~20,k为0~100。当然,我们可以根据i和j计算出k的值,也就是100-i-j。所以我们可以用二重嵌套循环结构实现算法。

【程序】

```
class Main{
    public static void main(String[] args){
        int i,j,k;
        for(i=0;i<=33;i++){
            for(j=0;j<=20;j++){
                k=100-i-j;
                if(k%3==0&&i*3+j*5+k/3==100 ){
                    System.out.printf("公鸡:%d 母鸡:%d 小鸡:%d\n",i,j,k);
                }
            }
        }
    }
}
```

习题三

一、程序填空题

（1）以下程序输出华氏温度到摄氏温度的转换表，从0℉到80℉，每隔20℉输出一行。华氏温度和摄氏温度的转换公式为C=(F-32)*5/9，其中C和F分别表示摄氏温度和华氏温度。程序运行输出如下：

华氏温度	摄氏温度
0	−17.8
20	−6.7
40	4.4
60	15.6
80	26.7

【程序】

```
public class Main{
    public static void main(String[] args){
        _____;
        System.out.println("华氏温度　摄氏温度");
        while(_____){
            _____;
            System.out.printf("%3.0f   %5.1f\n", fahr, celsius);
            _____;
        }
    }
}
```

（2）输入一个整数，输出数字7在整数中出现的次数。例如，输入为−157时，输出1；输入77537时，输出为3。

【程序】

```
import java.util.*;
class Main{
    public static void main(String[] args){
        Scanner sc=new Scanner(System.in);
        int _____;
```

```
        int  a=sc.nextInt();
        if(_____)  a=-a;
        while(_____){
            k=a%10;
            _____;
            if(k==7){
                count++;
            }
        }
        System.out.println(count);
    }
}
```

(3)输入整数 x,y,输出大于 x 且小于 y 的全部素数。

【程序】

```
import java.util.*;
public class Main{
    static _____ prime(int k){
        if(k<=1) return false;
        for(int  i=2;i<k;i++)
            if(_____)
                return false;
            else
                return true;
    }
    public static void main(String args[]){
        int i,x,y;
        Scanner sc=new Scanner(System.in);
        x=sc.nextInt();
        y=sc.nextInt();
        for( i=x;i<y;i++){
            if (_____) System.out.println(i);
        }
    }
}
```

（4）猜数游戏程序。随机产生一个 1~100 的整数,用户通过键盘输入所猜的数。如果猜对,则结束程序;如果猜错,则给出提示继续猜,直到猜对为止。Math.random()可以随机产生一个0~1之间的实数。

【程序】

```
import java.util.*;
class Main{
public static void main(String[] args){
        Scanner sc=new Scanner(System.in);
        int  t= _____+1;
        _____(true){
            int k= sc.nextInt();
            if(k>t)
                System.out.println("太大!");
            _____
                System.out.println("太小!");
            else{
                System.out.println("恭喜!");
                break;
            }
        }
    }
}
```

二、编程题

(1)输入n和相应的n个数,统计输出n个数中负数、零和正数的个数。

(2)输入100个学生的英语成绩,统计并输出该门课程的平均分以及不及格学生的人数。

(3)输出所有的"水仙花数",水仙花数是指一个三位数,其各位数字的立方和等于其本身,例如:$153=1^3+5^3+3^3$,因此153是水仙花数。

(4)一个数如果恰好等于它的因子之和,这个数就称为"完数",例如,6的因子为1、2、3,而6=1+2+3,因此6就是完数。编程找出1000以内的所有完数。

(5)青年歌手大奖赛中,评委会给参赛选手打分。选手得分规则为去掉一个最高分和一个最低分,然后计算平均得分,请编程输出某选手的得分。输入数据的第一个数是n,表示评委的人数,然后是n个评委的打分。

(6)输出"*"构成的图形。输入n,若n为奇数,根据n的值,输出n层用字符"*"构成的菱形;若是偶数,则继续等待输入,直到输入奇数,程序停止。如图所示是5层"*"菱形。

```
    *
  * * *
* * * * *
  * * *
    *
```

（7）社会主义核心价值观是社会主义核心价值体系的内核。党的十八大提出,倡导富强、民主、文明、和谐,倡导自由、平等、公正、法治,倡导爱国、敬业、诚信、友善,积极培育和践行社会主义核心价值观。富强、民主、文明、和谐是国家层面的价值目标,自由、平等、公正、法治是社会层面的价值取向,爱国、敬业、诚信、友善是公民个人层面的价值准则,这24个字是社会主义核心价值观的基本内容。小伙伴们注意了,我们以实际行动积极响应党中央的号召,通过编程来进一步理解和践行社会主义核心价值观。

任务是:根据用户的输入,分别打印不同层面的社会主义核心价值观。

1——"富强、民主、文明、和谐(国家层面)",

2——"自由、平等、公正、法治(社会层面)",

3——"爱国、敬业、诚信、友善(个人层面)";

其他非0整数,则输出:"Input out of range!";

0——程序结束。

（8）编程计算固定工资收入的党员每月所应缴纳的党费。月工资收入400元及以下者,缴纳月工资总额的0.5%;月工资收入401—600元者,缴纳月工资总额的1%;月工资601—800元者,缴纳月工资总额的1.5%;月工资收入在801—1500元者,缴纳月工资收入的2%;月工资收入在1500元以上者,缴纳月工资收入的3%。(提醒输入格式:直接输入月工资;输出格式:以"交纳党费=?"的格式输出,输出结果保留1位小数)

（9）不变初心数是指这样一种特别的数,它分别乘2、3、4、5、6、7、8、9时,所得乘积各位数之和却不变。例如18就是这样的数:18的2倍是36,3+6=9;18的3倍是54,5+4=9;…;18的9倍是162,1+6+2=9。对于18而言,9就是它的初心。本题要求你判断任一个给定的数是否有不变的初心。

第4章

类与对象

4.1 类的定义与对象的创建

Java是一种面向对象的程序设计语言,用"对象"来抽象描述现实世界中的事物。对象可以是一本书、一辆汽车、一台计算机,也可以是计算机硬盘上的一个文件、屏幕窗口上的按钮、菜单。

对象有属性特征,比如一个人有姓名、性别、身高、体重等属性,一台电视机有品牌、屏幕尺寸、当前频道等属性。我们把对象的属性值称为对象的数据。对象还具有动作特征,比如一个人的动作特征有唱歌、打球、开车等,电视机的动作特征有播放电视节目、频道切换、开机和关机等。往往动作的结果会改变对象的数据,例如频道切换会改变电视机的当前频道。

由此可见,对象可以看作两部分组成:数据和对这些数据的操作。从程序设计的角度来看,一个对象就是变量和相关方法的封装,其中变量存储对象的数据,方法表明对这些数据的操作。

4.1.1 类的定义——通用描述

类用于描述同种对象所拥有的属性和能完成的行为操作。定义一个类之后,就可以用它来创建对象。我们一般说,某个对象是属于某个类的对象。比如"农夫果园"里张三是一名农民,这里张三是对象,农民是张三这个对象所属的类。

类的定义语法:

```
public class 类名{
    //定义属性部分
    [访问修饰符] 数据类型 属性名;
    //定义方法部分
```

类的定义、对象
创建与引用

```
[访问修饰符] 返回类型  方法名(参数){
    }
}
```

Java 的类有两大部分:系统定义的类和用户定义的类。

本节将介绍如何创建用户自定义的类。

下面定义了一个 Farmer 类,包含工号、工龄、薪水和技能,类中定义了成员变量 code、years、salary 和 skill,同时定义了成员方法 work()。

成员变量定义必须给出变量名及其所属的类型,成员方法定义必须给出方法名及其参数列表(可以为空)以及返回类型。

例 4-1 "农夫果园"的 Farmer 类中有成员变量 code、years、salary 和 skill。

【程序】

```
public class Farmer{
    //成员变量
    String code;
    int years;
    int salary;
    String skill;
    //成员方法
    public void work(){
        System.out.println("工号"+code+"正在工作中 ......");
    }
}
```

【程序说明】

类 Farmer 中定义了四个成员变量 code、years、salary 和 skill,同时定义了一个成员方法 work()。

4.1.2 对象的创建与引用

类本身只是对象的类型,一个创建对象的模板。要表示具体实体或概念(例如一个工号为"F001"的农民),必须声明和创建对象。

由类创建对象的过程,也称为类的实例化,创建的对象称为类的一个实例。

声明对象变量的一般形式为:

类名 对象变量名;

例如:Farmer farmer;

该语句声明了一个 Farmer 类的对象变量 farmer。对象变量是一个引用型的变量,与前面介绍的基本数据类型的变量有所不同,一个对象变量中存放的并不是对象本身,而是对象的引用。

对象变量声明以后,还没有与任何对象联系起来。要真正创建对象,必须使用new运算符,例如:

```
farmer = new Farmer();
```

该语句用new运算符创建了一个对象,并将对象的引用赋值给对象变量farmer。

语法:

类名 对象变量名 = new 类名();

对象创建完成后,就可以通过对象变量名访问对象的成员变量和成员方法。访问对象成员变量的格式为:

对象变量名.成员变量名

调用对象成员方法的格式为:

对象名.方法名(参数表);

例4-2 创建一个对象,并对成员变量赋值,调用work()方法输出内容。

【程序】

```
public class Farmer{
        //成员变量
        String code;
        int years;
        int salary;
        String skill;
    //成员方法
        public void work(){
            System.out.println("工号"+code+"正在工作中……");
        }
        public static void main(String[] args){
            //创建一个Farmer类的对象引用farmer
            Farmer farmer;
            farmer= new Farmer();
            //成员变量直接赋值
            farmer.code= "F001";
            farmer.salary= 5000;
            //调用方法work进行消息显示
            farmer.work(); //调用对象成员方法
        }
}
```

【程序运行】

工号 F001 正在工作中……

【程序说明】

main()方法中创建一个对象引用 farmer，接着对成员变量赋值，最后调用成员方法 work()。

Farmer farmer = new Farmer();实际上创建的是一个对象，在创建的过程中需要经历 3 个步骤：

①创建一个对象，即 new Farmer()

②创建一个对象变量名 Farmer farmer

③对象变量名 farmer 指向对象 new Farmer()

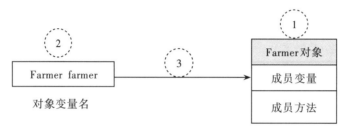

图 4-1　对象方法对应关系

方法的定义
与调用

4.1.3　方法的定义与调用

方法的定义是指给出方法所包含的程序片段，以及方法的名称和各种属性。方法定义之后，是不会自动执行的，需要用相应的语句去调用它。只有在被调用时方法才会执行。调用方法就是转去执行被调用方法中的语句，而后再返回按原来的流程继续执行尚未执行完的语句。

例 4-3　方法的定义和调用。

【程序】

```java
public class Main{
    public static void main(String args[]){
        System.out.print("18!=");
        fact();
        System.out.print("bye.\n");
    }
    static void fact(){
        double f=1;
        for(int i=1;i<=18;i++){
            f=f*i;
        }
```

```
        System.out.printf("%.0f\n",f);
    }
}
```

【程序说明】

程序中定义了一个static void fact()方法。static表示该方法是静态方法,可以被同一类中的main方法直接调用。void表示方法没有数据需要传递给调用者。fact是方法名,fact后面的一对括号中可以根据需要定义若干个参数,本例中参数表为空。

程序从main方法的第一条语句开始执行,遇到调用方法语句"fact()"时,即转去执行方法中的语句序列,执行完后再回到main方法,执行"fact()"语句后面的输出语句。

4.1.4 方法的递归调用

一个方法不仅可以调用其他方法,也可以直接或间接调用自己,这种自己调用自己的方式称为方法的递归调用,带有递归调用的方法称为递归方法。其中直接递归调用是指在方法体内直接包含了对本方法的调用;间接递归调用是指在方法体内间接包含了对本方法的调用,如A方法调用了B方法,而B方法又调用了A方法。递归方法的优点在于可以使程序更加简洁。

方法的递归

在编写递归程序时,为了防止递归调用无休止地进行下去,必须在函数内有递归调用终止的条件。当满足终止条件后,程序就不再递归调用,而是逐层返回。

例4-4 计算阶乘的递归方法
【程序】

```
import java.util.*;
public class Main{
    public static void main(String args[]){
        Scanner kb=new Scanner(System.in);
        int n=kb.nextInt();
        System.out.printf("Fac of %d is %d", n, fac(n) );
    }
    static long fac(int n){
        if( n==0 || n==1){
            return 1;
        }else{
            return fac(n-1) * n;
        }
    }
}
```

【程序说明】

程序的执行过程,如图 4-2 所示。

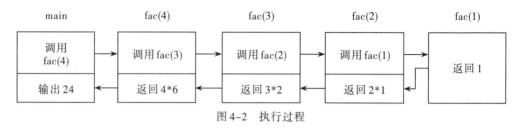

图 4-2　执行过程

例 4-5　输出斐波那契(Fibonacci)数列的第 50 项。

【分析】

斐波那契数列指的是这样一个数列:0,1,1,2,3,5,8,13,21,34,…。在数学上,斐波那契数列以如下递归的方法定义:

$$F(0)=0$$
$$F(1)=1$$
$$F(n)=F(n-1)+F(n-2) \quad (n\geqslant 2)$$

【程序】

```java
class Main{
    static long fib1(int k){
        if(k==1||k==2)
            return 1;
        else
            return fib1(k-1)+fib1(k-2);
    }
    static long fib2(int k){
        int f1,f2,i,f;
        f1=f2=1;
        for(i=2;i<=k;i++){
            f=f1+f2;
            f1=f2;
            f2=f;
        }
        return f1;
    }
    public static void main(String[] args){
        System.out.println(fib1(20));
```

```
        System.out.println(fib2(20));
    }
}
```

【说明】

本例演示方法的定义和调用。程序中定义了fib1和fib2两个方法,这两个方法实现相同的功能,即计算返回数列的第k项。

fib1采用递归方式定义,程序比较简洁。fib2采用非递归方式定义,利用for循环语句重复迭代计算。f1和f2表示相邻的前后两项,初始化为1,每次循环用f=f1+f2计算新项,再更新f1和f2。

例4-6 用欧几里得算法求解最大公约数问题。

【程序】

```
import java.util.*;
class Main{
    static int gcd1(int p,int q){
        int r;
        while(p != 0){
            r = q % p;
            q = p;
            p = r;
        }
        return q;
    }
    static int gcd2(int p,int q){
        if(q==0) return p;
        else return gcd2(q,p%q);
    }
    public static void main(String args[]){
        Scanner kb=new Scanner(System.in);
        int m,n;
        m=kb.nextInt();
        n=kb.nextInt();
        System.out.println(gcd1(m,n));
    }
}
```

【说明】

欧几里得算法又称辗转相除法,用于计算两个正整数p,q的最大公约数。

①r = q % p。

②若 r 等于 0,则 q 为最大公约数,算法结束;否则执行第③步。

③q = p,p = r。

④重新执行第①步。

方法 gcd1 用循环结构实现了上述算法。

欧几里得算法也可以用递归形式来描述为:

gcd(p,q) = gcd(q,p%q)　q!=0

gcd(p,q) = p　　　　　　q=0

按照这一思路,方法 gcd1 采用递归方式定义求解最大公约数。

构造方法

4.1.5　构造方法与对象初始化

构造方法是创建对象时调用的特殊方法,用于完成创建对象所需的初始化工作。

构造方法具有以下特点:

(1)构造方法的名字与包含它的类名相同;

(2)构造方法没有返回值,也不能加 void 修饰符;

(3)构造方法在创建对象时由 new 来调用,一般不能显式调用。

Java 中创建对象必须调用构造方法,如果一个类没有定义构造方法,则系统会为它自动生成一个缺省构造方法。缺省构造方法的参数表为空,方法体中也没有任何语句。

1.有参构造方法

为了促使"农夫果园"更具竞争力,"农夫果园"面向社会招聘高级人才,每个人才具有不同的"工号、工龄、薪水和技能",在例 4-7 代码中,我们需要在实例化对象的时候传入"工号、工龄、薪水和技能"等参数进行对象的初始化,那么此时就需要用到有参构造方法。

例 4-7　传入工号、工龄、薪水和技能进行初始化。

【程序】

```java
public class Farmer{
    // 成员变量
    String code;
    int years;
    int salary;
    String skill;
    public Farmer(String a, int b, int c, String d){
        code = a;
        years = b;
        salary = c;
        skill = d;
    }
```

```
    // 成员方法
    public void work(){
        System.out.println("工号" + code + "正在工作中......");
    }
    public static void main(String[] args){
        // 创建一个Farmer类的对象引用farmer
        Farmer farmer;
        farmer = new Farmer("F001",5,5000,"苹果种植");
        // 调用方法work进行消息显示
        farmer.work();// 调用对象成员方法
    }
}
```

【程序运行】

工号 F001 正在工作中......

【程序说明】

上述程序中 new Farmer("F001",5,5000,"苹果种植")表示实例化时会调用有参构造方法 public Farmer(String a, int b, int c, String d){},这样就可以根据用户传入参数的不同,进行不同的初始化操作。

2.无参构造方法

"农夫果园"在引进高级人才的同时,也面向高校招聘应届毕业生,对于应届毕业生,刚进入"农夫果园"时工龄、薪水是相同的,在例4-7代码中,如果直接通过 new Farmer()进行实例化的话就会报错,原因是存在有参构造方法后,编译时不会提供一个无参构造方法,需要手动添加一个无参构造方法才能正常编译,并在无参构造方法中对"工龄和薪水"进行初始化。

无参构造方法是类的默认构造方法,在实例化对象时会默认调用无参构造方法,如果类中没有有参构造方法,那么在编译时会默认提供一个无参构造方法。

无参构造方法的好处在于实例化时可以直接对一些成员变量进行初始化,这样便拥有了具有初始参数值的对象。

例 4-8 将 Farmer 类进行改进,我们定义一个无参构造方法,在构造方法中对工龄、薪水参数进行初始化,最后在 main 方法中只要实例化,便拥有了具有初始参数值的对象。

【程序】

```
public class Farmer{
    // 成员变量
    String code;
    int years;
    int salary;
    String skill;
```

```
    public Farmer(){
        years = 1;
        salary = 3000;
    }
    public Farmer(String a, int b, int c, String d){
        code = a;
        years = b;
        salary = c;
        skill = d;
    }
    // 成员方法
    public void work(){
        System.out.println("工号" + code + "正在工作中 ......");
    }
    public static void main(String[] args){
        // 创建一个 Farmer 类的对象引用 farmer
        Farmer farmer;
        //将对象引用 farmer 指向对象 new Farmer();
        farmer = new Farmer();
        farmer.code = "F001";
        // 调用方法 work 进行消息显示
        farmer.work();
    }
}
```

【程序运行】

工号 F001 正在工作中 ......

【程序说明】

上例 main 方法中的 new Farmer()表示对类进行实例化，默认调用无参构造方法，而 Farmer 类中的无参构造方法里对成员变量直接赋值，最后调用 work()方法时就会显示"工号 F001 正在工作中 ......"的内容。

4.1.6　方法的重载

方法重载

一个类中可以定义多个同名的方法，只要这些方法具有不同的参数表，这称为方法重载。所谓参数表的不同可以是参数的个数不同、参数的类型不同或者参数类型的顺序不同。

重载的意义在于它允许相关的方法可以使用同一个名字，当调用一个重载的方法时，Java 通过检查调用语句中的参数的数量、类型和次序选择适当的方法。

在例 4-8 代码中，体现了"农夫果园"中应届毕业生的"薪水、工龄"参数全局初始化，但是"农夫果园"需要采用人性化培养,允许"新人"自由选择"技能"培训方向,在例4-9中,通过setSkill()方法的重载,实现"技能"培训。

例4-9 "农夫果园"的"新人"人性化培养。

【程序】

```java
public class Farmer{
    // 成员变量
    String code;
    int years;
    int salary;
    String skill;
    // 成员方法
    public void setSkill(String a){
        skill = a;
    }
    public void setSkill(String a,String b){
        skill = a+","+b;
    }
    public void setSkill(String a,String b,String c){
        skill = a+","+b+","+c;
    }
    public void work(){
        System.out.println("工号:" + code + ",学习技能:"+skill);
    }
    public static void main(String[] args){
        // 创建一个Farmer类的对象引用farmer
        Farmer farmer;
        //将对象引用farmer指向对象new Farmer();
        farmer = new Farmer();
        farmer.code = "F001";
        // 调用方法
        //farmer.setSkill("苹果种植");
        //farmer.setSkill("苹果种植","橘子种植");
        farmer.setSkill("苹果种植","橘子种植","梨种植");
        farmer.work();
    }
}
```

【程序运行】

工号:F001,学习技能:苹果种植,橘子种植,梨种植

【程序说明】

上述例子中,如果是调用 farmer.setSkill("苹果种植"),则表示学习一种技能,如果是调用 farmer.setSkill("苹果种植","橘子种植"),则表示学习两种技能。

这样通过对方法 setSkill() 进行重载,解决了"农夫果园"的人性化培养。

4.1.7 this 关键字

this 关键字

在前面的例子代码中,我们发现参数是"a, b, c, ...",这种命名方式显然不能很好地体现"见名知义",如果将参数名设置为"code, years,salary,skill",则会引起方法内部赋值问题,另外在同一个类内部构造方法的相互调用也不能采用前面例子中采用的方法调用方式,这里需要用到 this 关键字加以解决。

1.this() 调用构造方法

当一个类中的构造方法有重载时,如果想通过一个构造方法内部去调用另外一个构造方法,则可以使用"this([参数列表]);"的形式进行调用。

例 4-10 对 Farmer 类的构造方法进行改进,如果实例化时传递参数,则调用有参构造方法,如实例化时没参数传入,则调用无参构造方法,但可以通过 this() 调用有参构造方法的方式进行初始化。

【程序】

```java
public class Farmer{
    // 成员变量
    String code;
    int years;
    int salary;
    String skill;
    public Farmer(){
        this("F001",1,3000,"苹果种植");
    }
    public Farmer(String a, int b, int c, String d){
        code = a;
        years = b;
        salary = c;
        skill = d;
    }
    // 成员方法
    public void work(){
        System.out.println("工号" + code + "正在工作中......");
    }
    public static void main(String[] args){
        // 创建一个 Farmer 类的对象引用 farmer
```

```
        Farmer farmer;
        //将对象引用farmer指向对象new Farmer();
        farmer = new Farmer();
        // 调用方法work进行消息显示
        farmer.work();
    }
}
```

【程序运行】

工号F001正在工作中......

【程序说明】

上述程序中,通过new Farmer();方式调用无参构造方法,在无参构造方法中又通过this ("F001",1,3000,"苹果种植");调用下面的有参构造方法,最后显示信息。

2.引用成员变量

参数和成员变量同名的好处在于"见名知义",但同时方法内部参数都会被当作局部变量,会产生无法正确赋值的问题。

在例4-10中,参数和成员变量名相同,同名后,如果没有this前缀的话,那么方法内部变量都是局部变量;如果需要引用成员变量,那么需要加this前缀。

例4-11 用this解决成员变量名和方法参数名相同的情况。

【程序】

```
public class Farmer{
    // 成员变量
    String code;
    int years;
    int salary;
    String skill;
    public Farmer(String code, int years, int salary, String skill){
        this.code = code;
        this.years = years;
        this.salary = salary;
        this.skill = skill;
    }
    // 成员方法
    public void work(){
        System.out.println("工号" + code + "正在工作中......");
    }
    public static void main(String[] args){
        // 创建一个Farmer类的对象引用farmer
```

```
        Farmer  farmer;
        //将对象引用farmer指向对象new  Farmer();
        farmer  =  new  Farmer("F001",1,3000,"苹果种植");
        // 调用方法work进行消息显示
        farmer.work();
    }
}
```

【程序运行】

工号 F001 正在工作中......

【程序说明】

通过 this.code,就可以区分等号左边的变量为成员变量,等号右边的为方法参数名。

4.2　类的静态成员

类的静态成员

类中可以定义一种特殊的成员,它不属于某个对象,这样的成员称为类的静态成员,声明时前面要加上关键字 static。

如果将类的成员前面加上 static,那么就可以直接通过"类.成员"进行访问。

4.2.1　静态变量

用 static 修饰的成员变量为静态变量,也称为类变量。未用 static 修饰的成员变量称为实例变量。静态变量的特点表现为两个方面:

首先,实例变量必须通过对象访问,而静态变量可以通过对象访问,也可以通过类名直接访问。例如 PI 是数学类 Math 中定义的静态变量,可以用 Math.PI 直接访问。

其次,对该类的每一个具体对象而言,静态变量是一个公共的存储单元,任何一个类的对象访问它,取到的值都是相同的;同样任何一个类的对象去修改它,也都是在对同一个内存单元进行操作。

例 4-12　定义一个"农夫果园"Garden 类。

【程序】

```java
public  class  Garden{
    public static int registeredCapital = 10000000;   //注册资本1000万
    public static String managementContent = "各种水果采摘、农家乐、果树品种培育";
    //经营内容
    public static String registrationDate = "2017/1/1";   //注册日期
    public static String CEO = "李欣";   //CEO
```

```
    public static String address = "杭州市西湖区大家乐农夫果园";  //地址
    public String name = "农夫果园";  //果园名
    public static void main(String[] args){
        //静态变量一般用类名直接访问
        System.out.println(Garden.CEO);
        System.out.println(Garden.address);
        //非静态变量必须用对象访问
        Garden g = new Garden();
        System.out.println(g.name);
        //对象也可以访问静态变量[不推荐]
        System.out.println(g.registrationDate);
    }
}
```

【程序运行】
李欣
杭州市西湖区大家乐农夫果园
农夫果园
2017/1/1
【程序说明】
静态变量一般用类名直接访问,非静态变量必须用对象访问,但对象也可以访问静态变量。

4.2.2 静态方法

静态方法和一般的成员方法相比,不同的地方有两处:
(1)静态方法可以直接通过类名来调用而不必先创建一个对象;
(2)静态方法内部只能使用静态的成员变量,而不能访问类的非静态成员,这是因为非静态成员必须先创建对象后才能访问。
例4-13 定义一个"农夫果园"Garden类。
【程序】

```
public class Garden{
    public static int registeredCapital = 10000000; // 注册资本1000万
    public static String managementContent = "各种水果采摘、农家乐、果树品种培育";
    // 经营内容
    public static String registrationDate = "2017/1/1";  // 注册日期
    public static String CEO = "李欣";  // CEO
    public static String address = "杭州市西湖区大家乐农夫果园";
```

```
    // 地址
    // 静态方法
    public static void welcome(){
        System.out.println("欢迎来到农夫果园！");
    }
    // 非静态方法
    public int salary(int type){
        int money = 0;
        switch (type){
            case 1://高级人才
                money = 5000;
                break;
            case 2://应届毕业生
                money = 3000;
                break;
            default:
                money = 2000;
        }
        return money;
    }
    public static void main(String[] args){
        // 静态方法一般用类名直接访问
        Garden.welcome();
        // 非静态方法必须用对象访问
        Garden g = new Garden();
        System.out.println(g.salary(1));
        // 对象也可以访问静态方法[不推荐]
        g.welcome();
    }
}
```

【程序运行】

欢迎来到农夫果园！
5000
欢迎来到农夫果园！

【程序说明】

静态方法一般用类名直接访问,非静态方法必须用对象访问,对象也可以访问静态方法。

4.3 Java 常用类

Java 提供了丰富的标准类来帮助程序设计者更方便快捷地编写程序,它们构成了 Java 基础类库。熟练地掌握基础类库是学习 Java 语言的关键之一。

4.3.1 String 类

String 类

字符串广泛应用在 Java 编程中,在 Java 中字符串属于对象,Java 提供了 String 类来创建和操作字符串。

String 类常用的方法有:

(1)public String(char [] value) 由字符数组创建字符串。

(2)public String(char chars[], int start, int num) 由字符数组创建字符串,指定起始下标和长度。

(3)public String(Sting original) 由字符串创建新字符串。

(4)public String()创建空字符串。

(5)public char charAt(int index) 返回字符串中指定位置的字符。

(6)public int length()返回字符串的长度。

(7)public int indexOf(String str) 返回字符串中第一次出现 str 的位置。

(8)public int indexOf(String str,int fromIndex) 返回字符串从 fromIndex 开始首次出现 str 的位置。

(9)public boolean equalsIgnoreCase(String another) 比较字符串与 another 是否一样。

(10)public String public replace(char old,char new) 在字符串中用 new 字符替换 old 字符。

(11)public boolean startsWith(String prefix) 判断字符串是否以 prefix 字符串开头。

(12)public boolean endsWith(String suffix) 判断字符串是否以 suffix 字符串结尾。

(13)public String toUpperCase() 返回字符串为该字符串的大写形式。

(14)public String toLowerCase() 返回字符串为该字符串的小写形式。

(15)public String substring(int begin) 返回该字符串从 begin 开始到结尾的子字符串。

(16)public String substring(int begin,int end) 返回该字符串从 begin 开始到 end 结尾的子字符串。

(17)public String trim()返回该字符串去掉开头和结尾空格后的字符串。

(18)public String[] split(String regex) 将字符串按照指定分隔符分隔,返回分隔后的字符串数组。

例 4-14 身份证号中的简单分析。

输入 18 位身份证号,输出对应的出生日期和性别,并判断身份证所在地是否为浙江省杭州市。

【程序】

```java
import java.util.Scanner;
public class Main{
    public static void main(String[] args){
        String ss="3301";
        System.out.println("请输入身份证号:");
        Scanner scan = new Scanner(System.in);
        String id = scan.nextLine();
        if(id.length()!=18){
            System.out.println("输入的身份证位数不正确");
            return;
        }
        String year =id.substring(6,10);
        String month =id.substring(10,12);
        String day =id.substring(12,14);
        int sexNum =id.charAt(16)−'0';
        System.out.println("生日:"+year+"−"+month+"−"+day);
        String sex = (sexNum%2==0)?"女":"男";
        System.out.println("性别:"+sex);
        String ids = id.substring(0,4);
        if(ss.equals(ids)){
            System.out.println("身份证所在地为浙江省杭州市");
        }else{
            System.out.println("身份证所在地非浙江省杭州市");
        }
    }
}
```

【程序运行】

请输入身份证号：

330103199807212203

生日：1998-07-21

性别：女

身份证所在地为浙江省杭州市

【程序说明】

程序中用字符串来表示身份证号码。用 substring() 方法抽取年、月、日对应的子串。身份证字符串的第 16 位与性别有关，偶数代表女性，奇数代表男性。程序中用 charAt() 方法抽取该位对应的字符，再减去字符'0'得到该字符对应的数字。

身份证字符串的第 0~3 位代表身份证所在地，浙江省杭州市对应的字符串为"3301"。

需要注意的是,"=="用于整型、浮点型、字符型、布尔型等基本类型数据时,用于测试两个数值是否相等,但用于对象变量 ss 和 ids 时,只能测试 ss 和 ids 是否引用同一个对象,而不能测试 ss 和 ids 引用的内容是否相同。要比较 ss 和 ids 引用的字符串内容是否相同,要使用 equals() 方法。

4.3.2 StringBuffer 类

String 类对象一般用来表示字符串常量,即字符串本身是不可修改的。

例如:String s = "welcome";

s 所引用"welcome",作为字符串常量,"welcome"所包含的内容是不可修改的。

语句 String s=s.toUpperCase();的执行,并不是直接修改"welcome",而是根据"welcome"生成新的字符串对象"WELCOME",然后 s 抛弃原来引用的"welcome",而引用新的"WELCOME"。

Java 提供 StringBuffer 类用于处理可变的字符串,StringBuffer 对象的内容是可以扩充和修改的。当生成一个 StringBuffer 对象后,也可以通过调用 toString()方法将其转换为 String 对象。

StringBuffer 类常用的方法有:

(1)public StringBuffer() 创建新的字符串对象。

(2)public StringBuffer(String) 创建一个初始值为 String 的字符串对象。

(3)public char charAt(int index) 返回字符串中指定位置的字符。

(4)public int length() 返回字符串的长度。

(5)public void setCharAt(int index,char ch) 重设指定位置的字符。

(6)public StringBuffer append(Object obj) 将指定参数对象转换为字符串添加到原串尾。

(7)public StringBuffer insert(int offset,Object obj) 将指定参数对象转换为字符串,然后插入到从 offset 开始的位置。

(8)public String toString() 将字符串转换成 String 对象。

(9)public StringBuffer replace(int start, int end, String str)将由 start 开始,到 end−1 结束的位置处的字符序列用 str 来替代。

(10)public StringBuffer reverse() 倒置当前 StringBuffer 对象中的字符序列。

(11)public StringBuffer deleteCharAt(int index)删除指定位置的字符。

(12)public StringBuffer delete(int start, int end)删除从指定的 start 开始处开始到 end 结束处的子字符串。

例 4−15 使用 StringBuffer 对象。

【程序】

```
public class Main{
    public static void main(String[] args){
        StringBuffer sb = new StringBuffer();        //新建一个对象
        sb.append("abc").append(true).append(123);   //直接添加内容
        System.out.println(sb.toString());
```

```
            sb.append('!');
            System.out.println(sb.toString());
            sb.insert(2,"qq");
            System.out.println(sb.toString());
            sb.delete(1,3);
            System.out.println(sb.toString());
            sb.deleteCharAt(0);
            System.out.println(sb.toString());
            System.out.println(sb.charAt( 2 ));
            System.out.println(sb.indexOf("t"));
            sb.replace(1,3,"java");
            System.out.println(sb.toString());
            sb.setCharAt(2,'m');
            System.out.println(sb.toString());
            sb.reverse();
            System.out.println(sb.toString());
    }
}
```

【程序运行】

```
abctrue123
abctrue123!
abqqctrue123!
aqctrue123!
qctrue123!
t
2
qjavarue123!
qjmvarue123!
!321euravmjq
```

【程序说明】

程序中调用了 append()、delete()、deleteCharAt()、insert()、replace() 及 reverse() 等方法，直接修改字符串对象。

4.3.3　Math 类

Math 类包含用于执行基本数学运算的方法，如初等指数、对数、平方根和三角函数。

Math 类中还定义了 PI 和 E 两个 double 型常量,分别是 3.141592653589793(圆周率 p)和 2.718281828459045(自然对数的底数)。

Math类的一些常用方法有:

(1)public static double sin(double a) 返回角度a(以弧度为单位)的正弦值。

(2)public static double cos(double a) 返回角度a(以弧度为单位)的余弦值。

(3)public static double pow(double a, double b) 返回a的b次幂。

(4)public double random()返回0~1之间double类型的随机数。

(5)public double log(double x) 返回自然对数。

(6)public double exp(double x) 返回e的x次幂(ex)。

(7)public int round(float f) 返回最靠近f的整数。

(8)public double ceil(double d) 返回不小于d的最小整数(返回值为double型)。

(9)public double floor(double d) 不大于d的最大整数(返回值为double)。

例4-16 输入直角三角形的两个直角边,输出三角形的面积,以及两个锐角的度数。

【程序】

```
import java.util.Scanner;
public class Main{
    public static void main(String[] args){
        Scanner scan = new Scanner(System.in);
        double a,b,c;
        double area;
        double aAngle,bAngle;
        a=scan.nextDouble();
        b=scan.nextDouble();
        c=Math.sqrt(a*a+b*b);
        area=a*b/2;
        System.out.printf("三角形面积为:%.1f\n",area);
        aAngle=Math.round(Math.asin(a/c)*180/Math.PI);
        bAngle=90-aAngle;
        System.out.printf("两个锐角的度数分别为:%.0f和%.0f",aAngle,bAngle);
    }
}
```

【程序运行】

30 40

三角形面积为:600.0

两个锐角的度数分别为:37和53

【程序说明】

a/c为a边对角的正弦值,Math.asin(a/c)为该角的弧度数,Math.asin(a/c)*180/Math.PI进一

步将弧度转换为角度, Math.round(Math.asin(a/c)*180/Math.PI)则进行了四舍五入处理,保留整数部分。

4.3.4 Date 类

Date类表示特定的时间,精确到毫秒

(1)public Date() 获取本地当前时间创建日期时间对象。

(2)public String toString() 由日期时间对象获取对应字符串。

(3)public long getTime() 返回自1970年01月01日凌晨0点0分0秒至现在所经过的毫秒数。

例 4-17 Date 类示例。

【程序】

```java
import java.util.Date;
public class Main{
    public static void main(String[] args){
        Date dOld = new Date();
        long lOld = dOld.getTime();
        System.out.println("循环前系统时间为:" +dOld.toString());
        int sum = 0;
        for (int i=0; i<100; i++){
            sum += i;
        }
        Date dNew = new Date();
        long lNew = dNew.getTime();
        System.out.println("循环后系统时间为:" +dNew.toString());
        System.out.println("循环花费的毫秒数为:" + (lNew – lOld));
    }
}
```

【程序运行】

循环前系统时间为:Fri Jul 21 18:25:51 CST 2017

循环后系统时间为:Fri Jul 21 18:25:51 CST 2017

循环花费的毫秒数为:84

4.4 范　例

范例 4-1　定义 Complex 类表示复数。

【程序】

```java
class Complex{
    double x,y;
    Complex(double x){
        this.x=x;
        this.y=0;
    }
    Complex(double x,double y){
        this.x=x;
        this.y=y;
    }
    public Complex add(Complex z){
        double aa=x+z.x;
        double bb=y+z.y;
        return new Complex(aa,bb);
    }
    public Complex sub(Complex z){
        double aa=x-z.x;
        double bb=y-z.y;
        return new Complex(aa,bb);
    }
    public Complex mult(Complex z){
        double aa=x*z.x-y*z.y;
        double bb=y*z.x+x*z.y;
        return new Complex(aa,bb);
    }
    public String toString(){
            if (y==0){
                return ""+x;
            }
            if (y>0){
                return ""+x+"+"+y+"i";
            }
```

```
        return ""+x+"-"+(-y)+"i";
    }
}
class Main{
    public static void main(String[] args){
        Complex c1=new Complex(-2,3);
        Complex c2=new Complex(4,-5);
        Complex ac=c1.add(c2);
        Complex sc=c1.sub(c2);
        Complex mc=c1.mult(c2);
        System.out.println("两数之和:"+ac.toString());
        System.out.println("两数之差:"+sc.toString());
        System.out.println("两数之积:"+mc.toString());
    }
}
```

范例 4-2   学生努力学习,使自己成为复合型人才,将来能为国家建设出一份力。设计一个学生类,拥有各种技能的方法重载,最后输出不同学生的信息。

【程序】

```
import java.util.Arrays;
public class Student{
    private String[] skills;
    public void setSkill (String[] skills)
        this.skills = skills;
    }
    @Override
    public String toString(){
        return "Student{" +
                "skills=" + Arrays.toString(skills) +
                "}";
    }
    public static void main(String[] args){
        Student s1 = new Student();
        Student s2 = new Student();
        Student s3 = new Student();
        s1.setSkill("英语","计算机");
        s2.setSkill("文学创作");
        s3.setSkill("体育竞技");
```

```
        System.out.println(s1);
        System.out.println(s2);
        System.out.println(s3);
    }
}
```

范例4-3 定义 Triangle 类表示三角形类。

【分析】

三角形由三条边 a、b、c 组成,计算三角形的周长及面积。

【程序】

```java
public class Triangle{
    private double a;
    private double b;
    private double c;
    public Triangle(double a,double b,double c){
        this.setSides(a,b,c);
    }
    public void setSides(double a, double b, double c){
        if (a>=b+c || b>=a+c || c>=a+b){
            System.out.println("三角形两边之和必须大于第三边");
            return;
        }
        this.a = a;
        this.b = b;
        this.c = c;
    }
    public double calPer(){
        return a+b+c;
    }
    public double calArea(){
        double p = (a + b + c)/2.0;
        return   Math.sqrt(p * (p-a) * (p-b) * (p-c));
    }
}
```

范例4-4 定义汽车类 Car,有一个 double 类型的变量 speed,用于刻画机动车的速度,一个 double 型变量 power,用于刻画机动车的功率。

【分析】

方法 speedUp(int speed)体现机动车有加速功能。方法 speedDown(int speed)体现机动车有减速功能。

【程序】

```java
public class Car{
    double speed;
    double power;
    void speedUp(int speed){
        this.speed = this.speed + speed ;
    }
    void speedDown(int speed){
        this.speed = this.speed - speed ;
    }
    public double getSpeed(){
        return speed;
    }
    public void setSpeed(double speed){
        this.speed = speed;
    }
    public double getPower(){
        return power;
    }
    public void setPower(double power){
        this.power = power;
    }
}
```

范例 4-5   定义一个学生类,其中有 3 个数据成员:学号、姓名、年龄,以及若干成员函数。同时编写 main 函数使用这个类,实现对学生数据的赋值和输出。

【分析】

学生类名为 Student,学号为 no,类型为 String,姓名为 name,类型为 String,年龄为 age,类型为 int。构造方法为 Student()和 Student(String no,String name,int age)。

【程序】

```java
public class Student{
    String no;
    String name;
    int age;
    Student(){
```

```
        no = "000";
        name = "zhangsan";
        age = -1;
    }
    Student(String no,String name,int age){
        this.no = no ;
        this.name = name;
        this.age = age;
    }
    public static void main(String[] args){
        Student  t1 =new Student("0001","lisi",1);
        System.out.println(t1.name);
    }
}
```

范例4-6 建立一个学生类,有姓名、学号、3门课成绩、总分等信息,能输入输出学生数据,并能对总分进行排序,打印名次。

【分析】

方法 public Student(String s1, String s2, double j, double m, double e) 为构造方法,为创建实体对象的时候运行,构造方法中,有数据类型,属性值,构造方法为类中的属性初始化。

【程序】

```
class Student{
    private String no, name;
    private double java, math, eng, total;
    protected int order;
    public Student(){
    }
    //构造方法
    public Student(String s1, String s2, double j, double m, double e){
        this.no = s1;
        this.name = s2;
        this.java = j;
        this.math = m;
        this.eng = e;
        this.total = java + math + eng;
    }
    public double getTotal(){
```

```java
            return total;
        }
        public void print(int n, Student stu[]){
            System.out.println("名次\t学号\t姓名\t数学\tJAVA\t英语\t总分");
            for(int i = 0; i < n; i++){
                System.out.println(stu[i].order + "\t" + stu[i].no + "\t"
                            + stu[i].name + "\t" + stu[i].java + "\t"
                            + stu[i].math + "\t" + stu[i].eng + "\t" + stu[i].total+ "\t");
            }
        }
        public void sort(int n, Student stu[]){
            Student t;
            for(int i = 0; i < n; i++){
                for(int j = i + 1; j < n; j++){
                    if(stu[i].getTotal() < stu[j].getTotal()){
                        t = stu[i];
                        stu[i] = stu[j];
                        stu[j] = t;
                    }
                }
            }
        }
        public void setOrder(int n, Student[] stu){
            stu[0].order = 1;
            for(int i = 1; i < n; i++){
                if(stu[i].getTotal() < stu[i - 1].getTotal())
                    stu[i].order = stu[i - 1].order + 1;
                else if(stu[i].getTotal() == stu[i - 1].getTotal())
                    stu[i].order = stu[i - 1].order;
            }
        }
        public static void main(String[] args){
            Student[] s = new Student[10];
            Student q = new Student();
            int n = 3;
            s[0] = new Student("001", "a", 80, 80, 75);
            s[1] = new Student("002", "b", 90, 90, 70);
            s[2] = new Student("003", "c", 90, 83, 92);
            q.sort(3, s);
```

```
            q.setOrder(3, s);
            q.print(3, s);
            System.out.println();
        }
    }
```

范例4-7 重载,计算圆、三角形、矩形面积。

【分析】

对于同一个类,如果这个类里面有两个或者多个重名的方法,但是方法的参数个数、类型、顺序至少有一个不一样,这时候就构成方法重载。

【程序】

```
public class Student{
    public static void main(String[] args){
        System.out.println("圆的面积:" + area(2));
        System.out.println("三角形的面积:" + area(3, 4, 5));
        System.out.println("矩形的面积:" + area(3, 4));
    }
    // 求圆的面积
    public static double area(double radius){
        return Math.PI * radius * radius;
    }
    // 求三角形的面积
    public static double area(double a, double b, double c){
        double s = (a + b + c) / 2;
        return Math.sqrt(s * (s - a) * (s - b) * (s - c));
    }
    // 求矩形的面积
    public static double area(double width, double height){
        return width * height;
    }
}
```

范例4-8 实际软件开发中,在用户登录及权限管理中有3个很重要的概念:用户、角色和权限。用户是一个在业务逻辑中存在的实体或者虚实体(不可见,但存在)。用户带有某种目的和权利。

角色是具有某些共性的用户组成的集合(这个集合允许为空)。可以理解为一定数量的权限的集合,权限的载体。例如:一个论坛系统,"超级管理员"、"版主"都是角色。版主可管理版内的帖子、可管理版内的用户等,这些是权限。要给某个用户授予这些权限,不需要直接将权限授予用户,可将"版主"这个角色赋予该用户。

权限是规定了的一系列的访问规则。权限的本质是规则。是规定哪些用户可以做哪些事情,哪些用户不可以做哪些事情的规则。

比如说,只有拥有经理的角色才能查看报表。我们解析的时候是这样的:有这么一批人可以查看报表,这批人有个共同的特征,那就是他们拥有经理的角色。经理的角色特征是,在现实的业务逻辑中是经理或者拥有经理一样高的权利。

在权限中定义的是用户和事情之间的关系,并没有涉及角色。所以,如果不使用角色也可以实现成员资格管理。但是,角色作为某些用户的集合,这样对制定规格是更为方便、合理,也更符合业务逻辑的客观存在形式。

【分析】

创建用户类 User、角色类 Role、用户角色类 UserRole、节点类 Node、权限类 RoleNode。

【程序】

用户类 User 包含用户 id(数据库中存放的主键),登录名 loginName,登录密码 loginPass,显示名 nickname,登录时间 lastLoginTime,是否可用 isDisabled。

```java
public class User{
    private Integer id;
    private String loginName;
    private String loginPass;
    private String nickname;
    private Integer lastLoginTime;
    private Byte isDisabled;
}
```

角色类 Role 包含角色 id:数据库中存放的主键,角色名 name,是否可用 status,添加时间 addTime,角色等级 level。

```java
public class Role{
    private Integer id;
    private String name;
    private Byte status;
    private Integer addTime;
    private Integer level;
}
```

用户角色类 UserRole 包含存放 id:数据库中存放的主键,用户标识 userId,角色标识 roleId,添加时间 addTime。用户对象与角色对象是多对一的关系。

```java
public class UserRole{
    private Integer id;
```

```
    private Integer userId;
    private Integer roleId;
    private Integer addTime;
}
```

功能菜单节点类 ActionNode 包含存放 id(数据库中存放的主键),父节点标识 pid,节点名称 name,节点对应的超链接 url。

```
public class ActionNode{
    private Integer id;
    private Integer pid;
    private String name;
    private String url;
}
```

角色节点类 RoleNode 包含存放 id(数据库中存放的主键),角色标识 roleId,菜单功能节点标识 nodeId,添加时间 addTime。角色对象与菜单节点对象是一对多的关系。

```
public class RoleNode{
    private Integer id;
    private Integer roleId;
    private Integer nodeId;
    private Integer addTime;
}
```

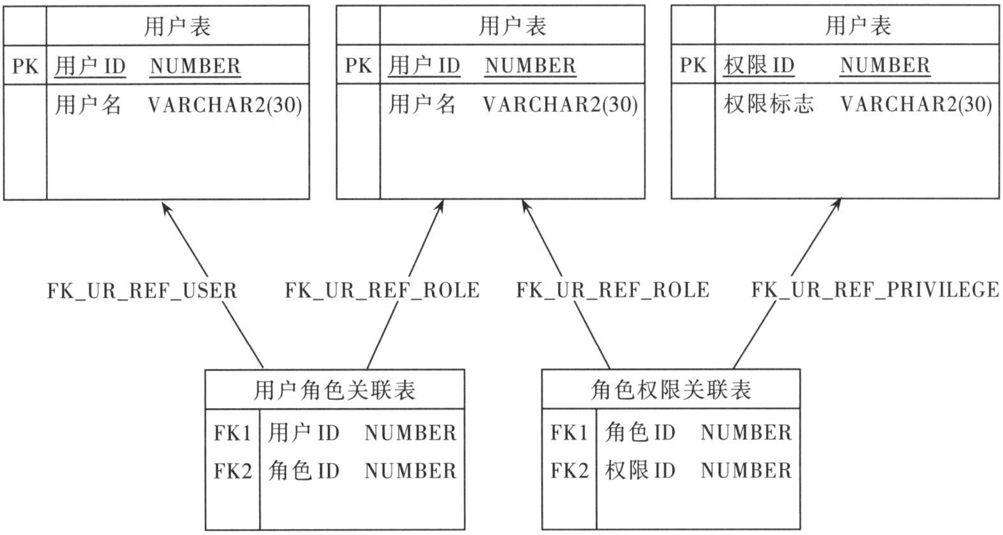

图 4-2　RBAC 模型

习题四

一、选择题

(1)符合对象和类的关系的是(　　)。

A.人和猴子　　　　B.书和房子　　　　　　C.狗和猫　　　　　D.飞机和交通工具

(2)以下代码定义了一个类Test,现在为Test 类生成一个对象,正确的语句是(　　)。

```
class Test{
    private int y;
    Test (int x){ y=x;}
}
```

A.Test t = new Test();　　　　　　　　B.Test t=new Test(1, 2);

C.Test t;　　　　　　　　　　　　　　D.Test t=new Test(3);

(3)Java中,一个类可同时定义多个同名的方法,这些方法的形式参数个数、类型或顺序不相同。这种特性称为(　　)。

A.隐藏　　　　　B.覆盖　　　　　　C.重载　　　　　D.同态

(4)下列关于构造方法的叙述中,错误的是(　　)。

A.Java语言规定构造方法名与类名必须相同

B.Java语言规定构造方法没有返回值,但不用void声明

C.Java语言规定构造方法不可以重载

D.Java语言规定构造方法只能通过new自动调用

二、程序填空题

(1)UseCamera类创建两个Camera类的对象并调用相应的方法。Camera类的对象创建时需要两个值,第一个值表示照相机是否打开,第二个值定义已拍的相片数。

当程序正确完成后,产生的输出如下所示:

```
C:\>java UseCamera
Camera on: true, photos taken: 0
Camera on: false, photos taken: 0
Camera on: true, photos taken: 6
Camera on: false, photos taken: 0
Camera on: false, photos taken: 6
Camera on: true, photos taken: 5
```

【程序】

```
public class UseCamera{
    public static void main(String[] args){
        Camera myCamera, yourCamera;
        myCamera = new Camera(true, 0);
        yourCamera = new Camera(false, 0);
        System.out.println(myCamera);
        System.out.println(yourCamera);
        myCamera.takePhotos(6);
        yourCamera.takePhotos(4);
        System.out.println(myCamera);
        System.out.println(yourCamera);
        myCamera.setOn(false);
        yourCamera.setOn(true);
        yourCamera.takePhotos(3);
        yourCamera.takePhotos(2);
        System.out.println(myCamera);
        System.out.println(yourCamera);
    }
}
class Camera{
    _____
    private int numPhotos;
    public Camera(boolean b, int n){
        isOn = b;
        _____
    }
    public void takePhotos(int howMany){
        if (isOn)
            _____
    }
    public void setOn( _____ ){
        isOn = b;
    }
    public String toString(){
        return_____
    }
}
```

（2）Main创建三个Locker类的对象并调用相应的方法,Locker类用来存放银行保管箱租用者的姓名(hirer)、柜号(cabinetNum)、箱号(num)以及是否空闲(isVacant)的信息。当程序正确完成后,产生的输出如下所示:

柜号:3, 箱号:301 当前由李四使用

柜号:3, 箱号:302 当前由张三使用

柜号:2, 箱号:201 当前由张三使用

柜号:3, 箱号:301 当前空闲

同一租用者 柜号:3, 箱号:302 当前由张三使用

同一租用者 柜号:2, 箱号:201 当前由张三使用

【程序】

```java
public class Main{
    public static void main(String[] args){
        Locker lock1, lock2, lock3;
        lock1 = new Locker("李四",3,301);
        lock2 = new Locker("张三",3,302);
        lock3 = new Locker("张三",2,201);
        System.out.println(lock1.toString());
        System.out.println(lock2.toString());
        System.out.println(lock3.toString());
        if (lock1.getIsVacant())
                System.out.println(lock1.toString());
        System.out.println();
        if (lock2.hasSameHirer(_____)){
                System.out.println("同一租用者 "+lock2.toString());
                System.out.println("同一租用者 "+lock3.toString());
        }
    }
}
class Locker{
    private int num, cabinetNum;
    private boolean isVacant;
    private String hirer;
    public Locker(String hire, int cabinet, int num){
            _____
            cabinetNum = cabinet;
            this.num = num;
            isVacant = false;
    }
    public boolean getIsVacant(){
```

```
            _____
        }
        public void setIsVacant(boolean b){
                isVacant = b;
                if (isVacant)   hirer = "";
        }
        public boolean hasSameHirer(Locker otherL){
                if (_____)
                        return true;
                else
                        return false;
        }
        public String toString(){
                String str = "柜号:"+cabinetNum+", 箱号:"+num;
                if (isVacant)
                        str += " 当前空闲";
                else
                        str += " 当前由"+hirer +"使用";
                return str;
        }
}
```

（3）以下程序接受键盘输入的字符串,判断该字符串是否可作为安全密码。一个安全密码需同时满足两个条件,其一是密码长度大于等于8,其二是密码中至少包含以下三组字符中的两组。这三组字符分别为:英文字母(A,B,C...Z; a,b, c...z)、数字符号(0,1,2...9)以及特殊符号(~,!,@,#,$,%,^)。

【程序】

```
import java.util.*;
class Main{
    public static void main(String[] args){
        Scanner kb=new Scanner(System.in);
        String psw;
        String s="~!@#$%^";
        int i,len,k1,k2,k3;
        char ch;
        k1=k2=k3=0;
        psw=kb.nextLine();
        len=psw.length();
```

```
        for(i=0;i<len;i++){
            ch=_____;
            if(ch>='A'&&ch<='Z'||ch>='a'&&ch<='z'){
                k1=1;
            }else{
                if(_____){
                    k2=1;
                }else{
                    if(_____){
                        k3=1;
                    }
                }
            }
        }
        if(_____)
            System.out.print("Yes");
        else
            System.out.print("No");
    }
}
```

三、编程题

(1)定义一个类 Student,要求如下:

①成员变量为学号、姓名和成绩;

②成员方法 GetRecord 返回考生的成绩;

③成员方法 SetRecord 为学号、姓名和成绩的赋值。

(2)定义一个 People 类,要求如下:

①成员变量:name、height、weight 分别表示姓名、身高(cm)和体重(kg)。

②构造方法通过参数实现对成员变量的赋初值操作。

③成员方法 int check(),该方法返回 0 、1、–1 分别表示标准、过胖或过瘦)。

判断方法是:用身高减去 110 作为参考体重,超过参考体重 5kg 以上的,为"过胖";低于参考体重 5kg 以上的,为"过瘦";在(参考体重–5kg)和(参考体重+5kg)之间的,为"标准"。

④在 main 方法中,输入 50 个学生的信息(姓名、身高和体重),分别输出标准、过胖或过瘦的人数(必须通过调用 check()方法实现)。

(3)定义 People 类,要求如下:

①成员变量:name(姓名)、age(年龄);

②构造方法:没有参数,设置姓名为"无名氏",年龄为 20;

③setName 成员方法:有一个名为 name 的 String 型参数,用于设置成员变量的值;

④getName 成员方法:没有参数,返回姓名;

⑤setAgee 成员方法:有一个名为 age 的 int 型参数,将成员变量 age 的值设为这个新值;

⑥getAgee 成员方法:没有参数,返回年龄。

(4)编写一个日期类 Date,具体要求如下:

①成员变量:year 表示年,month 表示月,day 表示日,类型均为 int;

②默认构造方法 Date(),默认值为 2000 年 1 月 1 日;

③构造方法 Date(int year,int month,int day);

④编写计算闰年的任意两个日期对象之间相隔天数的方法 int interval(Date d)。

(5)编写程序用于计算一元二次方程的实根。要求定义 Equation 类以表示一元二次方程,包括:方程系数、求解方法、实根的个数与类型、每个实根的值、输出方法。再定义 EquationDemo 类演示求根过程。

①Equation 类有成员变量 a, b, c,代表一元二次方程的三个系数。rootType 代表实根的个数与类型:0 表示无实根;1 表示有两个相等实根;2 表示有两个实根。root1, root2 代表两个可能的实根;

②Equation 类有构造方法 Equation (float a, float b, float c),形参 a, b, c 为给定一元二次方程的系数;

③Equation 类有成员方法 void Solving()求解一元二次方程,并将结果置于相应的属性之中。

(6)数字 8 最多的那个数为幸运数。输入 n 和 n 个整数,找这 n 个数中的幸运数。在主函数中调用 ndigit 方法,判断某个整数 x 含数字 8 的个数。如果有多个幸运数输出第一个幸运数,如果所有的数中都没有含数字 8,则输出 NO。方法 static int ndigit(int n,int k)功能:统计整数 n 中含数字 k 的个数。

(7)输入一个正整数 n(2<=n<=100000),要求从小到大输出所有比 n 小的素数。要求定义方法,判定一个正整数是否为素数。

(8)定义一个实现常用运算的类 MyMath,类中提供 max()、min()、sum()与 average()4 个静态方法,每个方法带有 3 个整型参数,分别实现对 3 个整数求取最大值、最小值、和值及平均值的运算。在主类中对任意输入的 3 个整数,调用 MyMath 类的 4 种静态方法,求取结果并输出。

(9)构造一个类来描述屏幕上的一个点,该类的构成包括点的 x 和 y 两个坐标,以及一些对点进行的操作,包括:取得点的坐标值,对点的坐标进行赋值,编写应用程序生成该类的对象并对其进行操作。

(10)定义一个表示人民币的类 Money,要求如下:

①定义整型成员变量 yuan、jiao、fen,分别表示元、角、分;

②定义构造方法,利用实数表示的金额初始化成员 yuan、jiao、fen;

③void show()方法按"xx 元 xx 角 xx 分"格式输出数据;

④在主方法中,接受一个实数输入,创建 Money 对象,再调用 show()方法输出。

(11)设计一个 People 类,该类的数据成员有姓名、年龄、政治面貌、身高、体重和人数,其中人数为静态数据成员,成员函数有构造函数、显示和显示人数。其中构造函数由参数姓名、年龄、身高和体重来构造对象;显示函数用于显示人的姓名、年龄、身高和体重;显示人数函数为静态成员函数,用于显示总的人数。并能按政治面貌统计人数。(提醒:输入格式:按姓名、年龄、政治面貌、身高和体重依次输入每个人的信息,exit 结束。

比如:zhang　18　群众　180　70

li　20　　中共党员　160　50

exit↙

第5章

类的继承

继承

5.1 继承的基本方法

继承就是利用已有类定义作为基础,建立新类的技术。新类的定义可以增加新的数据或新的功能,也可以利用原有类的功能。在类的继承中,被继承的类称为父类,继承而来的类则称为子类。通过使用继承我们能够非常方便地复用以前的代码,能够大大地提高开发的效率。

图 5-1 水果的继承层次

现实世界中有着丰富的继承的例子。在图 5-1 中,苹果和橘子都是水果,苹果是一种水果,而橘子是水果的另外一种。这实际上体现的就是继承性的概念:子类的对象具有父类对象所有的特征,同时又具有自己的特点。因为已经有了水果的概念,在描述苹果的时候,只需要简单地描述出它与其他水果相比的不同之处,而不必再重复它与其他水果相同的那些特点。

类之间的继承关系是现实世界中遗传关系的直接模拟,它表示类之间的内在联系以及对属性和操作的共享,即子类可以沿用父类(被继承类)的某些特征。当然,子类也可以具有自己独立的属性和操作。

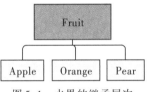

子类的定义

5.1.1 子类的定义

Java 中的继承是在子类定义时通过 extends 关键字来实现的,子类定义的基本格式为:

```
class 子类名 extends 父类名{
    //类的成员变量与成员方法定义
}
```

新定义为子类不仅可以从父类那里继承成员变量和成员方法,还可以定义自己的新的变量和方法。

Java语言仅提供了单继承结构,而不支持多继承结构,即Java程序中的每个类只允许有一个直接的父类,也就是说extends关键字后的父类名只能有一个。

例5-1　子类Apple继承父类Fruit。

【程序】

```java
//水果类 Fruit.java
public class Fruit{
    String color = "";   //颜色
    String place = "";   //产地
    public void eat(){
        System.out.println(color+","+place);
    }
}
//苹果类 Apple.java
public class Apple extends Fruit{
    int price;//价格
    public static void main(String[] args){
        Apple a = new Apple();
        a.color = "酒红";
        a.place = "中国";
        a.price = 100;
        a.eat();
    }
}
```

【程序运行】

酒红,中国

【程序说明】

在main()方法中,首先对子类进行实例化,接着通过子类对象访问父类中的成员变量和成员方法,同时也访问子类内部的成员变量。

5.1.2　覆盖父类方法

子类可以重新定义父类方法,如果在子类中定义一个方法,其名称、返回类型及参数表正好与父类中某个方法的名称、返回类型及参数表相匹配,那么可以说,子类的方法覆盖了父类的方法。其中参数表相同,指的是参数的个数、类型和顺序都相同。

子类定义的成员变量也可以与父类的成员变量同名,一般称之为隐藏。

例 5-2　子类覆盖父类方法。

【程序】

```java
//水果类 Fruit.java
public class Fruit{
    String color = "";  //颜色
    String place = "";  //产地
    public void eat(){
        System.out.println(color+","+place);
    }
}
//苹果类 Apple.java
public class Apple extends Fruit{
    int price;// 价格
    public void eat(){
        System.out.println(color + "," + place);
        System.out.println(price);
    }
    public static void main(String[] args){
        Apple a = new Apple();
        a.color = "酒红";
        a.place = "中国";
        a.price = 100;
        a.eat();
    }
}
```

【程序运行】

酒红,中国

100

【程序说明】

在定义 Apple 类时,对从 Fruit 类继承来的 eat()方法功能不甚满意,可以对 eat()方法进行重写,实现对父类 eat()方法的覆盖。方法覆盖后,用子类对象去调用 eat()方法,执行的是覆盖后的 eat()方法,而不是继承自父类的 eat()方法。当然如果用父类对象去调用 eat()方法,执行的就是父类的 eat()方法。

5.1.3　重载父类方法

覆盖与重载

子类不仅可以覆盖父类的方法,还可以重载父类的方法,即子类和父类中的方法名相同,但子类中方法参数表不同。

"农夫果园"中有苹果、橘子和梨三种水果,每种水果对人体都是有益的,只是不同的人在不同时期吃,能使益处更大而已。

例 5-3　水果有益健康。

【程序】

```java
//水果类 Fruit.java
public class Fruit{
    public void health(){
        System.out.println("吃水果有益");
    }
}
//苹果类 Apple.java
public class Apple extends Fruit{
    //一般情况
    public void health(String content){
        System.out.println("一般功效:"+content);
    }
    //对于特殊病人的情况
    public void health(String patient,String content){
        System.out.println("对于"+patient+","+content);
    }
    public static void main(String[] args){
        Apple a = new Apple();
        a.health();
        a.health("生津止渴、润肺除烦、健脾益胃、养心益气");
        a.health("肥胖症和糖尿病患者", "食用苹果相对于橘子和梨子来说更有益");
    }
}
```

【程序运行】

吃水果有益

一般功效:生津止渴、润肺除烦、健脾益胃、养心益气

对于肥胖症和糖尿病患者,食用苹果相对于橘子和梨子来说更有益

【程序说明】

子类 Apple 从父类继承了无参数的 health()方法,又定义了两个有参数的 health()方法。这样,Apple 类具有三个具有重载关系的 health()方法。main 方法中用不同的参数表,分别调用了三个不同的方法。

5.1.4 super关键字

在子类定义时,每两种情况需要用到super关键字:

第一种情况是在子类构造方法中,调用父类的构造方法。子类不会继承父类的构造方法,也就是说子类的构造方法必须在子类中定义。但在Java语言中,子类的构造方法必须以一定方式调用父类的构造方法。在子类对象创建及初始化的过程中,继承自父类的成员变量初始化工作通常调用父类构造方法完成。一般通过以下三种方式之一。

(1)在子类的构造方法中,直接通过super关键字调用父类的构造方法。例如在例5-4的public Cat(String name,String skill)构造方法中,用语句super(name)调用了父类的构造方法。这样的语句必须是子类构造方法中的第一条有效语句。

(2)在子类的构造方法中,通过this关键字调用子类其他构造方法,而被调用的子类构造方法中,直接或间接调用了父类的构造方法。

(3)如果没有通过this或super直接或间接调用父类的构造方法,则编译器会自动调用父类无参数的默认构造方法。

另一种情况是在子类成员方法中,用super作为前缀访问继承自父类的成员变量和成员方法。一般情况下,子类成员方法可以直接使用这些成员。然而,如果子类的成员变量隐藏了父类的成员变量,或者子类方法覆盖了父类方法,就必须通过super引用父类成员。

例5-4 super关键字使用示例。

"农夫果园"坐落于山清水秀的杭城郊区,生态环境很好,最近临近秋季,果实成熟,农场主面临一个头疼的问题——"老鼠破坏",为此,农场养了几只猫。

【程序】

```java
// Animal.java
class Animal{
    public String name;
    public Animal(){
        name="小猫";
    }
    public Animal(String name){
        this.name = name;
    }
    //动物行为
    public void work(){
        System.out.print(name+"忙于");
    }
}
// Cat.java
class Cat extends Animal{
    public String skill;
```

```
        public Cat(){
            this.skill = "学本领";
        }
        public Cat(String name,String skill){
            super(name);
            this.skill = skill;
        }
        public void work(){
            super.work();
            System.out.println(skill);
        }
        public static void main(String[] args){
            Cat c1=new Cat();
            c1.work();
            Cat c2 = new Cat("白猫", "抓老鼠");
            c2.work();
        }
    }
```

【程序运行】

小猫忙于学本领

白猫忙于抓老鼠

【程序说明】

Cat类中定义了两个构造方法,第一个构造方法中没有调用父类构造方法的语句,那么就会自动调用Animal类无参数的默认构造方法。如果Animal类没有定义无参数构造方法,程序就出现编译错误。第二个构造方法通过super(name)语句调用了父类Animal类的构造方法,这种方式更加合理。

Cat类的public void work()方法覆盖了其父类Animal类的public void work()方法。这样如果子类成员方法需要调用父类的public void work()方法,那么必须加上前缀,即用语句super.work()。

5.2　访问控制属性

类与包

5.2.1　类与包

1.什么是包

计算机操作系统使用文件夹来存放相关或者同类的文档,在 Java 语言中,提供了个包的概念来组织相关的类。包在物理上就是一个文件夹,逻辑上代表一个分类概念。

包包含一组类。例如一个名叫 Company 的包,可以包含一组类,如 Employee(雇员)、Manager(管理者)和 Department(部门)等。把功能相似或相关的类组织在同一个包中,方便类的查找和使用。

一般并不要求处于同一个包中的类之间有明确的联系,但是由于同一包中的类在默认情况下可以互相访问,所以通常把相关的或在一起工作的类放在一个包里。

包采用层次化的树型结构,包中可以包含许多类,也可以包含下层包。就像同一个文件夹中不能有同名文件一样,同一包中的类的名字不能相同的。如果同名的类位于不同包中,它们被认为是不同的,因而以包的形式组织类可以解决命名重复问题。

2.用 import 引入包中的类

使用某一个包的类,一般需要用 import 语句来引入。例如,java.util 包中有 Scanner、Date 等工具类。要使用 Scanner 类,可以采用以下方式:

(1)用 import java.util.Scanner 语句引入包中的 Scanner 类;

(2)用 import java.util.* 语句引入包中的所有类(但不包括下层包中的类);

(3)不使用 import 语句,而在类名加上包名作为前缀。例如:

java.util.Scanner kb=new java.util.Scanner(System.in);

Java.lang 包提供了程序设计最基础的类,如 Math、System、String、StringBuffer 等类。Java.lang 包是由 Java 系统自动引入的,因此在程序可以直接使用,不需要 import 语句。

3.自定义包

在定义类时,可以用 package 语句指定类所属的包,例如:

语句 package ch06.p1;指定类属于 ch06.p1 包。这样的语句必须是源程序文件中的第一行(除注释语句以外)。

如果类定义时未使用 package 语句,类就被放在默认的未命名包中。这个类只能被同属于默认包的类使用,而不能被其他包中的类使用。

例 5-5　定义和使用包。

【程序】

```
//Animal.java
package  ch06.p1;
public  class  Animal{
```

```java
        public String name;
        public Animal(){
                name="小猫";
        }
        public Animal(String name){
                this.name = name;
        }
        public void work(){
                System.out.print(name+"忙于");
        }
}
//Cat.java
package ch06.p2;
import ch06.p1.Animal;
class Cat extends Animal{
    public String skill;
    public Cat(){
        this.skill = "学本领";
    }
    public Cat(String name,String skill){
        super(name);
        this.skill = skill;
    }
    public void work(){
        super.work();
        System.out.println(skill);
    }
    public static void main(String[] args){
        Cat c1=new Cat();
        c1.work();
        Cat c2 = new Cat("白猫", "抓老鼠");
        c2.work();
    }
}
```

【程序运行】

　　为了说明包的定义和使用,对例 5-4 的程序略作修改。用 package 语句把 Animal 类和 Cat 类分别放在 ch06.p1 包和 ch06.p2 包。由于两个类属于不同包,那么 Cat 类要使用 Animal 类作为父类,必须先用 import ch06.p1.Animal 语句引入 Animal 类。

5.2.2　类的访问控制

类的访问控制有两种：

（1）public，表明这个类可以被所有的类使用，可以创建这个类的对象或用这个类派生新类。

（2）缺省，表明这个类只能被同一个包中的类使用，而不能被其他包中的类使用，这种访问特性又称为包访问性。

例 5-6　类的访问控制。

创建了包 x 和 z，在包 x 中定义了类 Garden，在包 z 中定义了类 Visitor。

【程序】

```
//果园类 Garden.java
package x;
public class Garden{
    protected String device = "空调";  //果园设备
    public String name = "农夫果园"; //果园名字
}
//游客类 Visitor.java
package z;
import x.Garden;
public class Visitor{
    public static void main(String[] args){
        Garden g = new Garden();
    }
}
```

【程序说明】

两个类在不同包下面，当 Garden 类用 public 修饰时，Visitor 中可以访问到 Garden，但是将 Garden 类的修饰符 public 删掉变为缺省时，此时 Visitor 中就无法访问到 Garden。

如果把两个类都放在同一个包中，那么 Garden 类的修饰符 public 删掉变为缺省时，Visitor 中可以访问到 Garden 类。

5.2.3　类成员的访问控制

成员的访问控制

值得注意的是，一个类的访问控制符是 public，并不代表类的所有成员变量和方法也同时对程序的其他部分可见。类成员同样可以根据需要设定访问控制属性。

在 Java 中无论是成员方法还是成员变量，都经常用到 public、protected 和 private 这 3 个修饰符。表 5-1 给出了几个访问控制符的访问权限。

表5-1　访问控制符的访问权限

访问控制符	类本身访问	子类访问	包内访问	包外访问
public	Yes	Yes	Yes	Yes
protected	Yes	Yes	Yes	No
private	Yes	No	No	No
无修饰符	Yes	No	Yes	No

1.无修饰符(包访问权限)

如果没有添加何访问控制符,则默认为包访问控制权限。包访问控制权限的成员可以被这个类自身所访问,也可以被同一个包的其他类所访问。

2.public

public为公共访问控制符,即被其修饰的方法或变量可以被包内或者包外类访问,而不受任何限制。

3.protected(受保护)

限定为protected的成员可以被这个类自身所访问,也可以被同一个包的其他类所访问,还可以被这个类的子类(包括同一包中及不同包中的子类)所继承。

4.private(私有)

private为私有访问控制符,即其只能被自己的所有类调用,而不能被其他任何类调用。在同一个包中,private定义的成员也不能被其他类调用,这就真正地把自己与其他类分隔开,所以称为私有访问控制符。

例5-7　访问控制。

为了"农夫果园"的水果提前进入市场,园区引入了中央空调设备,并将各种水果分区分块管理,由农场管理员进行管理,待水果成熟,还有游客上门采摘,但园区内有的东西游客不能随意操作,比如空调设备,空调设备只开放给农场管理员进行操作。这时,通过合理的使用访问,解决了"农夫果园"的日常管理。

【程序】

```
//果园类 Garden.java
package x;
public class Garden{
    protected String device = "空调"; //果园设备
    public String name = "农夫果园"; //果园名字
}
//苹果果园类 AppleGarden.java
package x.y;
import x.Garden;
public class AppleGarden extends Garden{
    private String type = "红富士"; //苹果品种
    public String getType(){
        return type;
```

```
        }
        public static void main(String[] args){
            AppleGarden ag = new AppleGarden();
            System.out.println(ag.name);//public变量允许任意类访问
            System.out.println(ag.device);//父类protected变量允许子类访问
            System.out.println(ag.type);//private变量只能本类内部访问
        }
    }
    //游客类Visitor.java
    package z;
    import x.y.AppleGarden;
    public class Visitor{
        public static void main(String[] args){
            AppleGarden g = new AppleGarden();
            System.out.println(g.name);//public变量允许任意类访问
            //System.out.println(g.device);
            //protected变量可以被子类成员方法访问,但不能被子类对象访问
            //System.out.println(g.type);
            //private变量只能本类内部访问,此处无法访问
        }
    }
    //农场管理员类FarmerManager.java
    package x;
    public class FarmerManager{
        public static void main(String[] args){
            Garden g = new Garden();
            System.out.println(g.name);//public变量允许任意类访问
            System.out.println(g.device);
            //protected变量允许同一个包内其他类访问
        }
    }
```

【程序说明】

本例中给一些成员变量和成员方法加上访问控制符。这样,通过将属性的访问权限设定为private,限制所有类外部对属性的访问,而为了让外部可以访问这些属性,专门声明对应的getType()方法来读取/存储数据。

public声明的数据成员和成员方法允许任意类访问,private声明的数据成员和成员方法只能本类内部访问,protected声明的数据成员和成员方法可以被子类的成员方法访问,但不能被子类的对象访问。

5.3　抽象类与接口

抽象类

5.3.1　抽象方法与抽象类

1.抽象方法

抽象方法就是以 abstract 修饰的方法,这种方法只声明返回的数据类型、方法名称和所需的参数,而没有方法体,也就是说抽象方法只需要声明而不需要实现,也一定不能有方法体。下面语句就定义了一个抽象方法。

```
public abstract String getType();
```

2.抽象类

用 abstract 关键字来修饰一个类时,该类即为抽象类。抽象类的定义格式如下:

```
abstract class 类名{
    // ……
}
```

抽象类可以包含非抽象的方法,可以定义构造方法,也并非一定要包含抽象方法。但一个类中如果包含抽象方法,那么该类必须被定义为抽象类,也就是说只有抽象类才可以包含抽象方法。

抽象类不能实例化,也就是不能用于创建抽象类的对象。抽象类一般会作为其他的父类,在定义子类时,继承自父类的抽象方法通常会被重写、覆盖。如果子类中不知包含抽象方法,那么可以被定义为非抽象的类。

例 5-8　苹果嫁接。

为了满足不同客户的喜好,"农夫果园"采用多元化经营理念,不断地开发新品种,最近在"苹果分区"研发部里进行苹果新品种的研发。

【程序】

```
//苹果抽象类 Apple.java
public abstract class Apple{
    private String color;
    public Apple(String color){
        this.color = color;
    }
    public void eat(){
```

```
            System.out.println(color+getType()+"很好吃");
        }
        //具体的苹果品种由子类决定
        public abstract String getType();
}
//新苹果类 NewApple.java
public class NewApple extends Apple{
        public NewApple(String color){
            super(color);
        }
        @Override
        public String getType(){
            return "农夫苹果1号";
        }
        public static void main(String[] args){
            NewApple na = new NewApple("红色");
            na.eat();
        }
}
```

【程序运行】
红色农夫苹果1号很好吃
【程序说明】

Apple类定义了一个抽象方法,因而被定义为抽象类。Apple类不可直接用于创新对象,但可以定义其子类NewApple,并在子类中重写抽象方法getType()。

5.3.2 接 口

接口

接口可以理解一种特殊的抽象类,但接口与类存在着显著的区别,类有它的成员变量和成员方法,而接口却只有常量和抽象方法。

接口通过关键词interface来定义,接口定义的一般形式为:

接口修饰符 interface 接口名 extends 父类接口列表{
接口体
}

其中接口修饰符为接口访问权限,有public和缺省两种状态。用public指明任意类均可以使用这个接口。在缺省情况下,只有与该接口定义在同一包中的类才可以访问这个接口,而其他包中的类无权访问该接口。

一个接口可以继承其他接口,可通过关键词 extends 来实现,其语法与类的继承相同。被继承的类接口称为父类接口,当有多个父类接口时,用逗号","分隔。

接口体中包括接口中所需要说明的常量和抽象方法。由于接口体中只有常量,所以接口体中的变量只能定义为 static 和 final 型,在类实现接口时不能被修改,而且必须用常量初始化。接口体中的方法说明与类体中的方法说明形式一样,由于接口体中的方法为抽象方法,所以没有方法体。接口体中方法多被说明成 public 型。

类声明中,用 implements 子句表示一个类实现某个接口。一个类可以同时实现多个接口,接口之间用逗号","分隔。

在类体中可以使用接口中定义的常量,由于接口中的方法为抽象方法,所以必须在类体中加入要实现接口方法的代码,如果一个接口是从别的一个或多个父接口中继承而来,则在类体中必须加入实现该接口及其父接口中所有方法的代码。在实现一个接口时,类中对方法的定义要和接口中的相应的方法的定义相匹配,其方法名、方法的返回值类型、方法的访问权限和参数的数目与类型信息要一致。

例 5-9   "苹果和梨"共生。

最近"农夫果园"来了一批客户,一方面对例 5-7 中研发的新品种大加赞赏,另一方面提出了新的需求,希望"农夫果园"研发部能进一步研发出"苹果和梨"共生的盆景,即一棵树上既长苹果又长梨。

【程序】

```java
//苹果接口 Apple.java
public interface Apple{
    public void growApple();
}
//梨接口 Pear.java
public interface Pear{
    public void growPear();
}
//苹果梨类 ApplePear.java
public class ApplePear implements Apple,Pear{
    public ApplePear(){
        System.out.println("新盆景上生长出:");
    }
    @Override
    public void growPear(){
        System.out.println("农夫1号梨");
    }
    @Override
    public void growApple(){
        System.out.println("农夫1号苹果");
    }
}
```

```
        public static void main(String[] args){
            ApplePear ap = new ApplePear();
            ap.growApple();
            ap.growPear();
        }
}
```

【程序运行】

新盆景上生长出：

农夫 1 号苹果

农夫 1 号梨

【程序说明】

两个接口中分别定义了一个抽象方法，子类中实现了两个接口中的抽象方法。

5.4　内部类与匿名类

在 Java 中，可以将一个类定义在另一个类里面或者一个方法里面，这样的类称为内部类。广泛意义上的内部类一般来说包括这四种：成员内部类、局部内部类、匿名内部类和静态内部类。

5.4.1　内部类

内部类

成员内部类，就是作为外部类的成员，可以直接使用外部类的所有成员和方法，即使是 private 的。同时外部类要访问内部类的所有成员变量/方法，则需要通过内部类的对象来获取。

内部类定义语法格式如下：

public class Outer{

//此处可以定义内部类

}

要注意的是，成员内部类不能含有 static 的变量和方法。因为成员内部类需要先创建了外部类，才能创建它自己的。

在成员内部类要引用外部类对象时，使用 outer.this 来表示外部类对象；

而需要创建内部类对象，可以使用 outer.inner obj = outerobj.new inner();

例 5-10 构建内部类 Inner，并用外部类调用。

【程序】

```
class Outer{
    public static void main(String[] args){
        Outer outer = new Outer();
        Outer.Inner inner = outer.new Inner();
        inner.print("Outer.new");
    }
    public class Inner{
        public void print(String str){
            System.out.println(str);
        }
    }
}
```

例 5-11 构建内部类 Inner，并用外部类调用。

【程序】

```
public class Outer{
    public static void main(String[] args){
        Outer outer = new Outer();
        Outer.Inner inner = outer.new Inner();
        inner.print("Outer.new");
        inner = outer.getInner();
        inner.print("Outer.get");
    }
    // 推荐用 getxxx() 获取成员内部类，尤其该内部类的构造函数无参数时
    public Inner getInner(){
        return new Inner();
    }
    public class Inner{
        public void print(String str){
            System.out.println(str);
        }
    }
}
```

5.4.2　匿名类

有时候为了免去给内部类命名,倾向于使用匿名内部类,因为它没有名字。匿名内部类应该是平时我们编写代码时用得最多的内部类,在编写事件监听代码时或者多线程中使用匿名内部类不但方便,而且使代码更加容易维护。

匿名内部类定义语法格式如下:

new 接口()或父类构造器(){
//此处可以定义匿名内部类
}

匿名内部类是不能加访问修饰符的。要注意的是,new 匿名类,这个类是要先定义的,看下面例子。

例5-12　构建继承自接口 Inner 的匿名内部类,并用外部类调用。

```
interface Inner{
    String getName(String name);
}
public class Outer{
    public static void main(String[] args) {
        Inner inner = new Inner() {
            private String city = "beijing";
            public String getName(String name) {
                return city+": "+name;
            }
        };
        System.out.println(inner.getName("XiaoLi"));
    }
}
```

【说明】

new Inner() {…}实际上是构建了一个继承自接口 Inner 的匿名内部类,然后产生了该匿名内部类的实例保存到 inner 引用中,该匿名内部类中定义了成员变量 city,并且重写了父接口的 getName 方法。

下面这段代码是一段 Android 事件监听代码:

```
btOk.setOnClickListener(new OnClickListener(){
        @Override
        public void onClick(View v){
```

```
        }
    });
```

就是匿名内部类的使用。代码中需要给按钮设置监听器对象,使用匿名内部类能够在实现父类或者接口中的方法情况下同时产生一个相应的对象,但是前提是这个父类或者接口必须先存在才能这样使用。

5.5 向上转型

向上转型:父类的引用指向子类对象。向上转型是对父类的对象的方法的扩充,即父类的对象可访问子类从父类中继承来的和子类"重写"父类的方法。自动进行类型转换。

语法格式如下:

<父类型> <引用变量名> = new <子类型>();

注意:
此时通过父类引用变量调用的方法是子类覆盖或继承父类的方法,不是父类的方法;
此时通过父类引用变量无法调用子类特有的方法。

如:

```
//测试方法
    Pet  pet  =  new  Dog();
    pet.setHealth(20);
    Master master = new Master();
    master.cure(pet);
```

例 5-13 使用父类作为方法返回值。
【程序】

```
Pet.java
public class Pet {
    private int health;
    private String name;
    public Pet(){
        System.out.println("Pet类的无参构造方法");
    }
    public Pet(String name){
```

```
        this.name = name;
    }
    public int getHealth(){
        return health;
    }
    public void setHealth(int health){
        this.health = health;
    }
    public void toHospital(){
        System.out.println("Pet看病");
    }
    public void print(){
        System.out.println("Pet类中的print方法");
        System.out.print("宠物叫" + this.name + ",健康值是" + this.health + "。");
    }
}
Penguin.java
public class Penguin extends Pet{
    @Override
    public void toHospital(){
        System.out.println("Penguin看病");
    }
}
```

【说明】

向上转型后的父类引用只能调用父类的属性,若子类重写了父类的方法,则通过父类引用调用的是子类重写后的方法。

```
Dog.java
//狗狗类,宠物的子类
public class Dog extends Pet{
    private String strain="牧羊犬"; //品种
    //五参构造方法
    public Dog(){ }
    public Dog(String name, String strain){
        super(name); //此处不能使用 this.name=name;
        this.strain = strain;
    }
    public String getStrain(){
```

```
        return  strain;
    }
    public  void  setStrain(String  strain) {
        this.strain  =  strain;
    }
    //重写父类的  print方法
    public  void  print(){
        super.print(); //调用父类的  print方法
        System.out.println("我是一只  " + this.strain + "。");
    }
    //重写父类的  toHospital方法
    public  void  toHospital(){
        System.out.println("狗狗看病");
    }
}
```

5.6 向下转型

向下转型:将一个指向子类对象的父类引用赋给一个子类的引用,即:父类类型转换为子类类型。需强制类型转换。
语法格式如下:

<子类型> <引用变量名> = (<子类型>)<父类型的引用变量>;

注意:在向下转型的过程中,如果没有转换为真实子类类型,会出现类型转换异常。
如:

```
Dog  dog=(Dog)pet;        //将  pet  转换为  Dog类型
dog.catchingFlyDisc();    //执行  Dog特有的方法
```

例5-14 狗具有特有的接飞盘方法,企鹅具有特有的南极游泳方法。编写测试类分别调用各种具体动物的特有方法。

【程序】

```
Dog.java
// 狗特有的方法,接飞盘
public void catchingFlyDisc(){
    System.out.println("狗狗接飞盘");
}
Master.java
//测试方法
public static void main(String[] args) {
    Master master = new Master();
    Pet pet;
    pet = master.sendPet("dog");
    Dog dog=(Dog)pet; //将pet转换为Dog类型
    dog.catchingFlyDisc(); //执行Dog特有的方法
}
```

【说明】

并不是所有的对象都可以向下转型,只有当这个对象原本就是子类对象通过向上转型得到的时候才能够成功转型。

```
//企鹅特有的方法,在南极游泳
public void swim(){
    System.out.println("企鹅在南极游泳");
}
```

5.7 范　例

范例5-1　通过定义public方法去访问私有成员变量时,可以更好地控制和保护变量。

【分析】

程序中,我们将密码设置为null,通过对是否为空的判断,防止了恶意的数据录入。

【程序】

```
//Person.java
public class Person{
    private String userName;    //用户名
    private String password;    //密码
```

```
            private String hobby;          //爱好
            public String getPassword(){
                return password;
            }
            public void setPassword(String password){
                if(password != null && !"".equals(password))
                    this.password = password;
                else
                    this.password = "密码不合法";
            }
        }
        //Test.java
        public class Test{
            public static void main(String[] args){
                Person person = new Person();
                person.setPassword(null);
                System.out.println(person.getPassword());
            }
        }
```

范例 5-2 坚持多劳多得,着力保护劳动所得,有利于提高劳动效率,鼓励勤劳致富。请针对一家公司的薪资体系,设计经理与员工类。

【分析】

首先定义一个员工类 Employee(包含姓名和工资两个字段),接着定义一个经理类 Manager(包含奖金一个字段),由于继承员工类,所以经理类也拥有姓名和工资的属性,因此在测试类 Main 的 main 方法中发现经理类比员工类多了一个奖金字段的设置。通过这个例子可以发现,在定义类的时候尽量利用父类子类的继承关系,将多个子类间的共性部分挪到父类中去,实现类的优化设计。

【程序】

```
        //Employee.java
        public class Employee{
            private String name; //姓名
            private double salary;  //工资
            public String getName(){
                return name;
            }
            public void setName(String name){
                this.name = name;
```

```
        }
        public double getSalary(){
            return salary;
        }
        public void setSalary(double salary){
            this.salary = salary;
        }
}
//Manager.java
public class Manager extends Employee{
    private double bonus;// 经理的奖金
    public double getBonus(){
        return bonus;
    }
    public void setBonus(double bonus){
        this.bonus = bonus;
    }
}
public class Main{
        public static void main(String[] args){
            //创建 Employee 对象并为其赋值
            Employee employee = new Employee();
            employee.setName("张三");
            employee.setSalary(4000);
            //创建 Manager 对象并为其赋值
            Manager manager = new Manager();
            manager.setName("李经理");
            manager.setSalary(5000);
            manager.setBonus(2000);
            //输出经理和员工的属性值
            System.out.println("员工姓名:" + employee.getName());
            System.out.println("员工工资:" + employee.getSalary());
            System.out.println("经理姓名:" + manager.getName());
            System.out.println("经理工资:" + manager.getSalary());
            System.out.println("经理奖金:" + manager.getBonus());
        }
}
```

【程序运行】

员工姓名:张三

员工工资:4000.0

经理姓名:李经理

经理工资:5000.0

经理奖金:2000.0

范例5-3　抽象类。

【分析】

Shape类为抽象类,只定义了求面积的成员方法area和求周长的成员方法circumference。Circle类和Rectangle类都是Shape类的子类,都实现了求面积的成员方法area和求周长方法circumference,因此Circle类和Rectangle类是非抽象类。因此可以将Circle类和Rectangle类创建的对象转换成Shape类的对象。

```java
// ShapeDemo.java
abstract class Shape{
    public abstract double area();
    public abstract double circumference();
}
class Circle extends Shape{
    protected double r;
    public Circle(double r){
        this.r = r;
    }
    public double getRadius(){
        return r;
    }
    public double area(){
        return PI * r * r;
    }
    public double circumference(){
        return 2 * Math.PI * r;
    }
}
class Rectangle extends Shape{
    protected double w, h;
    public Rectangle(double w, double h){
        this.w = w;
        this.h = h;
    }
    public double getWidth(){
```

```
        return w;
    }
    public double getHeight(){
        return h;
    }
    public double area(){
        return w * h;
    }
    public double circumference(){
        return 2 * (w + h);
    }
}
public class ShapeDemo{
    public static void main(String[] args){
            Shape[] shapes = new Shape[3];
            shapes[0] = new Circle(2.0);
            shapes[1] = new Rectangle(1.0, 3.0);
            shapes[2] = new Rectangle(4.0, 2.0);
            double total_area = 0;
            for(int i = 0; i < shapes.length; i++){
                total_area += shapes[i].area();
                System.out.println(total_area);
            }
    }
}
```

范例 5-4　抽象类与接口。

【分析】

Animal 是一个抽象类,其中定义了一个抽象方法。Flyable 是一个接口,包含一个抽象方法。Cat 是 Animal 的子类,覆盖了 Animal 类的抽象方法。Eagle 同样是 Animal 的子类,覆盖了 Animal 类的抽象方法,同时实现了 Flyable 接口。Airplane 类也实现了 Flyable 接口。

【程序】

```
abstract class Animal{
    private String name;
    public Animal(String name){
        this.name = name;
    }
    public String getName(){
```

```java
            return name;
        }
    public abstract void speak();
}
class Cat extends Animal{
    public Cat(){
        super("猫~~~");
    }
    public void speak(){
        System.out.println("喵~~");
    }
}
interface Flyable{
    public void fly();
}
class Eagle extends Animal implements Flyable{
    public void speak(){
        System.out.println("哇~~");
    }
    public Eagle(){
        super("老鹰");
    }
    public void fly(){
        System.out.println(getName() +"-展翅飞飞飞");
    }
}
class Airplane implements Flyable{
    public void fly(){
        System.out.println("飞机-动力强劲飞飞飞");
    }
}
class Main{
    public static void main(String[] args){
        Eagle eagle = new Eagle();
        eagle.fly();
        eagle.speak();
        Cat cat = new Cat();
        cat.speak();
        Airplane airplane= new Airplane();
```

```
        airplane.fly();
    }
}
```

范例 5-5 构建一个计算圆的面积。

类 Draw 像是类 Circle 的一个成员，Circle 称为外部类。成员内部类可以无条件访问外部类的所有成员属性和成员方法(包括 private 成员和静态成员)。

```
class Circle{
    double radius = 0;
    public Circle(double radius){
        this.radius = radius;
    }
    class Draw{        //内部类
        public void drawShape(){
            System.out.println("drawshape");
        }
    }
}
```

习题五

一、选择题

(1)下列类声明正确是的(   )。

A.abstract final class aaa{ ... }   B.abstract private bbb(){ ... }

C.protected private number;   D.public abstract class ccc{ ... }

(2)在 Java 语言中,能自动导入的包是(   )。

A.java.awt   B.java.lang   C.java.io   D.java.applet

(3)下面对于 Java 的继承机制描述错误的是(   )。

A.继承是 Java 程序设计的一个重要基本特征

B.声明子类时使用 extends 子句

C.Java 支持多重继承

D.继承时子类可以添加新的成员方法和变量

(4)不允许作为类及类成员的访问控制符的是(   )。

A.public   B.private   C.static   D.protected

（5）为了在子类的构造方法中调用父类的相应构造方法,需要在方法体中所执行的第一个语句处写一特殊语句,该语句使用 Java 关键字(　　)。

A.this　　　　　　　　　B.super　　　　　　　　　C.extends　　　　　　　　　D.final

（6）下列关于接口和抽象类的说法不正确的是(　　)

A.接口也有构造方法

B.实现接口时,需对接口中的所有方法都要实现

C.抽象类也有构造方法

D.抽象类可以派生出子类

二、程序填空题

（1）程序定义了一个类 Point 及其子类 MyPoint。Point 用于描述平面上点的信息,x、y 分别表示横坐标和纵坐标,toOrigin()方法计算点到原点的距离。MyPoint 同样用于描述平面上点的信息,name 表示点的名称。程序运行输出:点 Q(3,4)到圆的距离为 5.00。

【程序】

```java
class Point{
    int x,y;
    _____(int x,int y){this.x=x; this.y=y;}
    public double toOrigin(){    return Math.sqrt(x*x+y*y);    }
}
class _____{
    char name;
    MyPoint(int x,int y,char name){
        super(x,y);
        this.name=name;
    }
    public String toString(){
        return name+"("+x+","+y+")";
    }
}
public class Main{
    public static void main(String[] args){
        MyPoint a= _____;
        System.out.printf("%s到原点距离为%.2f", a.toString(), a.toOrigin());
    }
}
```

（2）程序定义 Student 类和 Person 类,程序运行输出如下:

```
frank:    Frank(sex:M)
alice:    Alice(sex:F)
```

```
tom:    Alice(sex:F)
tom:    Alice(sex:F  ;id:0000001)
```

【程序】

```
class Person{
protected String name;
    protected char sex;
_____{
        this.name=name;
        this.sex=sex;
  }
    String name(){ return name; }
    char sex(){ return sex; }
    public String toString(){
        String s=new String(name+"(sex:"+sex+")");
        return s;
    }
}
class Student extends Person{
    protected String id;
    Student(String name,char sex){

        _____

    }
    Student(String name,char sex,String id){
        super(name,sex);
        this.id=id;
    }
    public String toString(){
        String s=new String(name+"(sex:"+sex);
        if (id != null)_____
        s+=")";
        return s;
    }
    _____{
        this.id=id;
    }
}
class Main{
```

```
        public static void main(String[] args){
                Person frank=new Person("Frank",'M');
                Student alice=new Student("Alice",'F');
                System.out.println("frank:    "+frank);
                System.out.println("alice:    "+alice);
                Person tom=alice;
                System.out.println("tom:      "+tom);
                _____
                System.out.println("tom:      "+tom);
        }
}
```

（3）程序定义抽象类 Animal 及其子类 Dog，程序运行输出如下：

输入：Peter
输出：Peter is barking

【程序】

```
import java.util.Scanner;
_____ Animal{
    private String name;

    public Animal (String name){ this.name = name; }
    public abstract void Sound();
    public String getName(){ return name; }
}
class _____{
    public Dog(String name){   super(name); }
    public void Sound(){
        System.out.println(_____+" is barking");
    }
}
public class Main{
    public static void main(String[] args){
        Scanner sc=new Scanner(System.in);
        String s=sc.nextLine();
        Dog aDog= new Dog(s);
        aDog.Sound();
```

```
        sc.close();
    }
}
```

(4)程序定义抽象类 Animal 及其子类 Duck,定义 2 个接口 CanSwim,CanFly,程序运行输出如下:

```
输入:Peter
输出:Peter is barking
    Peter is flying
    Peter is swimming
```

【程序】

```java
interface CanSwim{  void swim(); }
interface CanFly  {  void fly(); }
abstract class Animal{
    private String name;
    public Animal (String name){ this.name = name; }
    public abstract void Sound();
    public String getName(){ return name; }
}
class Duck _____{
    public Duck(String name){  super(name); }
    public void Sound(){
        System.out.println(getName()+" is barking");
    }
    public void fly(){
        System.out.println(getName()+" is flying");
    }
    public void swim(){
        System.out.println(getName()+" is swimming");
    }
}
import java.util.Scanner;
public class Main{
    public static void main(String[] args){
            Scanner sc=new Scanner(System.in);
            String s=sc.nextLine();
```

```
                    Duck aDuck= new  Duck(s);
                    aDuck.Sound();
                    _____;
                    aDuck.swim();
                    sc.close();
          }
    }
```

三、编程题

(1)定义一个商品类,及食品子类和服装子类。任何商品都有编号、名称、出厂日期、厂家等信息。食品则还有保质期信息,服装则还有面料信息。

(2)现在有三类事物:①手机:充电,工作;②人:吃饭,工作,睡觉;③鸡:进食,睡觉。现要求实现一个程序,可以实现三种不同事物的行为。

(3)设计一个抽象的手机 Phone,对于这个手机来说,应该拥有所有 Phone 的共性,打电话 Call()和发短信 sendMsg(),然后对手机进行另外的功能设计,拍照 photo()、视频 video()、防水 waterProof()、音乐 music(),请利用继承、抽象类、接口的知识设计该手机接口 Iphone。

(4)设计一个的饮料类,然后由饮料类派生出橙汁,苹果汁,牛奶,雪碧类。

(5)定义一个名为 Vehicle 类,然后由 Vehicle 类派生出小汽车,火车,面包车类,Vehicle 类应包含商标和颜色,还应包含成员方法 run 行驶和 showInfo 显示信息。编写 Train 类继承于 Vehicle 类,增加成员车厢数属性,还应增加成员方法 showTrain。编写 Car 类继承于 Vehicle 类,增加成员座位数属性,还应增加成员方法 showCar。编写 Truck 类继承于 Vehicles 类,增加载重属性,还应增加成员方法 showTruck。

(6)学生类-本科生类-研究生类。学生类添加属性姓名、学号、政治面貌、成绩,添加相应的 get 和 set 函数,添加函数 getGrade()表示获得等级,该函数应当为抽象函数。本科生和研究生的等级计算方式不同,如下所示:

本科生标准　　研究生标准

[80--100) A　　[90--100) A

[70--80) B　　[80--90) B

[60--70) C　　[70--80) C

[50--60) D　　[60--70) D

50 以下 E　　 60 以下 E

main 函数中定义一个学生 Student 类的数组,数组长度为2,变数组元素分别指向本科生和研究生对象,调用 getGrade()方法输出等级,并统计所有学生中,成绩级别 A\B 中,党员学生的人数(提示:输入格式:本科生类信息包含学号、姓名、性别、政治面貌、专业、成绩,研究生类信息包含学号、姓名、性别、政治面貌、专业、导师、成绩;输出格式:本科生等级、研究生等级、A、B 级党员学生人数)。

第6章

注解和测试

6.1 注解基础

注解基础

6.1.1 为什么需要注解

Annotation(注解)是JDK1.5及以后版本引入的。它可以用于创建文档,跟踪代码中的依赖性,甚至执行基本编译时检查。

注解是以"@注解名"在代码中存在的,注解不会直接影响到程序的语义,只是作为注解存在,我们可以通过反射机制编程实现对这些元数据(用来描述数据的数据)的访问。

Java支持在源文件中嵌入一些补充信息,这类信息称为注解,它不会改变代码运行逻辑,更不会改变程序的语义,但在开发和部署期间,各种工具(如代码生成器)可以使用注解。

6.1.2 注解的定义

注解是通过基于接口的机制创建的。定义格式:

```
public @interface 注解名称{
    public 属性类型 属性名();
    ......;
}
```

注解中的属性可以有默认值,格式为:

数据类型 属性名() default 默认值;

以下代码声明了注解 AnnotationDemo:

```
public @interface AnnotationDemo{
    public String message();
    public int value();
}
```

关键字 interface 前面的@告诉编译器正在声明一种注解接口类型。该接口拥有两个成员 message() 和 value()，所有注解都只包含方法声明。注解不能包含 extends 子句，所有注解类型都自动扩展 Annotation 接口，因此，Annotation 是所有注解的超接口。

所有类型的声明都可以有与之关联的注解。例如，类、方法、域变量、参数以及枚举常量都可以带有注解，甚至注解本身也可以被注解，注解要放在声明的最前面。

应用注解时，需要为注解的成员提供值。

例如，将 AnnotationDemo 应用到某个方法声明中：

```
@AnnotationDemo(message= "注解示例", value= 100)
public void method1(){ ... }
```

这个注解被应用到方法 method1()。注解名称以@作为前缀，后面是圆括号中的成员赋值列表。

6.2　注解的作用

注解的作用主要有以下几个方面：

(1) 编译检查：通过代码里标识的元数据让编译器能够实现基本的编译检查；

(2) 生成文档：通过代码里标识的元数据生成文档；

(3) 代码分析：通过代码里标识的元数据对代码进行分析。

6.2.1　编译检查

编译检查有关的注解主要有：@SuppressWarnings、@Deprecated 和 @Override，下面将分别介绍各个注解的参数以及示例用法。

Java 注解－编译
检查

1. @SuppressWarnings

作用：所标注内容产生的警告，编译器会对这些警告保持静默。

例 6-1　让编译器对"它所标注的内容"的某些警告保持静默。

【程序】

```
import java.util.Date;
public class SuppressWarningTest{
```

```
//@SuppressWarnings(value={"deprecation"})
public static void showDate(){
    Date date = new Date(123, 8, 26);
    System.out.println(date);
}
public static void main(String[] args){
    showDate();
}
}
```

【程序运行】

当@SuppressWarnings(value={"deprecation"})注释后,出现如下警告信息,如图6-1所示。

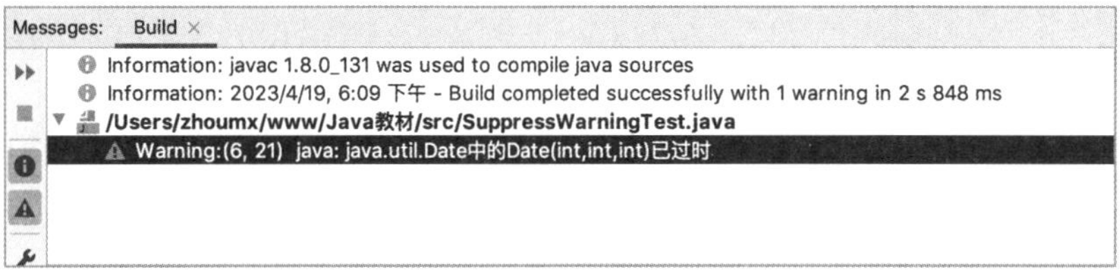

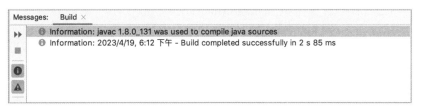

图6-1 提示警告

当启用注解@SuppressWarnings(value={"deprecation"})后,则对产生的警告保持静默,如图6-2所示。运行结果,如图6-3所示。

图6-2 启用注解忽略警告

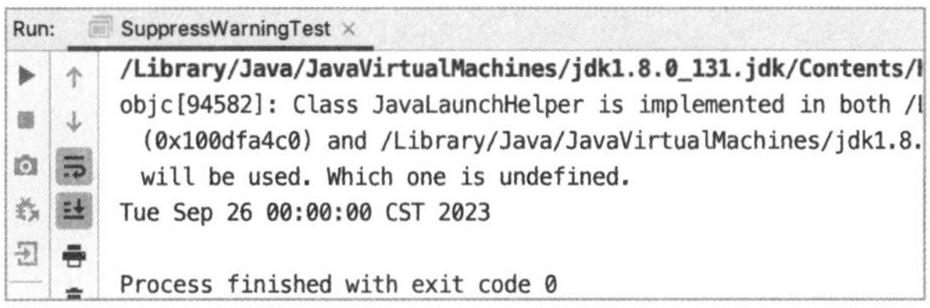

图6-3 运行结果

【程序说明】

当没有使用@SuppressWarnings(value={"deprecation"}),而 Date 属于 Java 不再建议使用的类。因此,调用 Date 的 API 时,会产生警告。而使用了 @SuppressWarnings(value={"deprecation"})后,编译器对"调用 Date 的 API 产生的警告"保持沉默。

2.@Deprecated

作用：标记过时方法。如果使用该方法，会报编译警告。所标注的内容，不被建议使用。

例 6-2　某个方法被 @Deprecated 标注，则该方法不再被建议使用。

【程序】

```java
import java.util.Date;
import java.util.Calendar;
public class DeprecatedTest{
    @Deprecated
    private static void deprecatedMethod(){
        System.out.println("Deprecated Method");
    }
    private static void normalMethod(){
        System.out.println("Normal Method");
    }
    // Date是日期/时间类。Java已经不建议使用该类了
    private static void testDate(){
        Date date = new Date(123, 8, 25);
        System.out.println(date.getYear());
    }
    // Calendar是日期/时间类。Java建议使用Calendar取代Date表示"日期/时间"
    private static void testCalendar(){
        Calendar cal = Calendar.getInstance();
        System.out.println(cal.get(Calendar.YEAR));
    }
    public static void main(String[] args){
        deprecatedMethod();
        normalMethod();
        testDate();
        testCalendar();
    }
}
```

【程序运行】

添加 @Deprecated 后，在 IDEA 的 Structure 中 deprecatedMethod() 方法会带删除线，如图 6-4 所示。

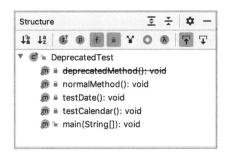

图6-4 过时方法带删除线

Date类是日期/时间类,Java中已经不建议使用该类,运行会有警告提示,如图6-5所示。

图6-5 提示方法已过时

运行结果,如图6-6所示。

图6-6 运行结果

【程序说明】

Date类是日期/时间类,Java中已经不建议使用该类,代码中直接显示带删除线。

```
private static void testDate() {
    Date date = new Date( year: 123,  month: 8,  date: 25);
    System.out.println(date.getYear());
}
```

@Deprecated添加后的方法,在使用过程中虽有警告提示,但不影响使用。

3.@Override

作用:若某个方法被@Override标注,则意味着该方法会覆盖父类中的同名方法。如果有方法被@Override标注,但父类中却没有"被@Override标注"的同名方法,则编译器会报错。

例6-3 @Override标注父类中没有的方法,会报错。

【程序】

```
public class OverrideTest{
    //toString()在java.lang.Object中定义,用@Override标注重写。
    @Override
```

```
    public  String  toString(){
        return  "Override  toString()方法";
    }
    //  getString()在 OverrideTest 的任何父类中没有定义；
    //  用 @Override 标注，会产生编译错误。
    @Override
    public  String  getString(){
        return  "get  toString";
    }
    public  static  void  main(String[]  args){
        new  OverrideTest();
    }
}
```

【程序运行】

当 getString()方法上面添加@Override 注解后，如图 6-7 所示。

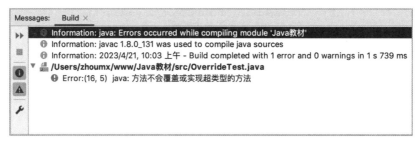

图 6-7　子类在父类中不存在的方法上添加@Override 注解后报错

如果 getString()方法上面的@Override 注解删除，则可以正常编译，如图 6-8 所示。

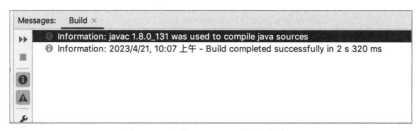

图 6-8　去掉@Override 注解后正常

【程序说明】

因为 getString()在 OverrideTest 的任何父类中没有定义，所以添加了@Override 注解后就会产生编译错误，因此@Override 注解具有编译检查作用。

Java注解-编写
文档

6.2.2 生成文档

作用：Java提供的@Documented注解跟Javadoc的作用是差不多的，其实它存在的好处是开发人员可以定制Javadoc不支持的文档属性，并在开发中应用。@Documented用来表示该Annotation是否会出现在Javadoc中。

例6-4 定制Javadoc中不存在的文档属性。

【程序】

```java
import java.lang.annotation.Documented;
/**
 *   定制文档化功能
 *   使用此注解时必须设置RetentionPolicy为RUNTIME
 */
@Documented
public @interface Greeting{
    // 使用枚举类型
    public enum FontColor{
        RED,GREEN,BLUE
    };
    String name();
    FontColor fontColor() default FontColor.RED;
}
public class DocumentedTest{
    // 此时的fontColor为默认的RED
    @Greeting(name="default font color")
    public static void sayHelloWithDefaultFontColor(){
    }
    // 将fontColor改为BLUE
    @Greeting(name="font color with blue", fontColor=Greeting.FontColor.BLUE)
    public static void sayHelloWithBLUEFontColor(){
    }
}
```

【程序运行】

在IDEA中找到"Generate JavaDoc"菜单，点击后选择DocumentedTest.java文件，生成帮助文档，如图6-9所示。

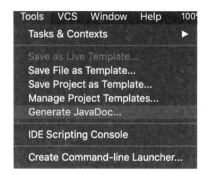

图 6-9　生成帮助文档菜单路径

打开后的界面中,进行相关的参数设置,即可生成帮助文档,如图 6-10 所示。

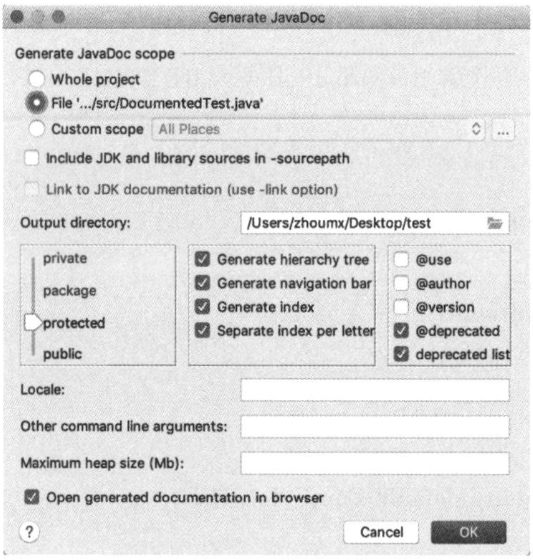

图 6-10　生成帮助文档配置

点击"OK"生成帮助文档,打开帮助文档后,可以看到定制的文档属性内容。在方法详细资料部分,可以看到有定制的 @Greeting 注解内容,如图 6-11 所示。

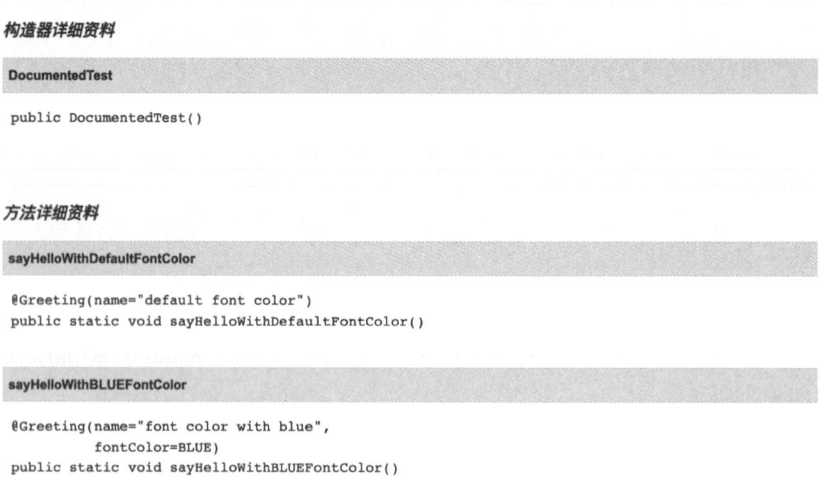

构造器详细资料

DocumentedTest

```
public DocumentedTest()
```

方法详细资料

sayHelloWithDefaultFontColor

```
@Greeting(name="default font color")
public static void sayHelloWithDefaultFontColor()
```

sayHelloWithBLUEFontColor

```
@Greeting(name="font color with blue",
          fontColor=BLUE)
public static void sayHelloWithBLUEFontColor()
```

图 6-11　帮助文档内容 1

如果 Greeting 注解前面的@Documented 注解去掉,再次生成帮助文档,可以看到如下结果,此时可以发现自定义文档属性没有了,如图 6-12 所示。

方法详细资料

sayHelloWithDefaultFontColor

```
public static void sayHelloWithDefaultFontColor()
```

sayHelloWithBLUEFontColor

```
public static void sayHelloWithBLUEFontColor()
```

图 6-12 帮助文档内容 2

【程序说明】

传统 Javadoc 方式是不支持自定义的文档属性,引入@Documented 后就可以实现定义 Javadoc 中不存在的文档属性,这样就可以导出内容和描述更加定制化的帮助文档。

6.2.3 代码分析

通过代码里标识的元数据对代码进行分析,@Target 注解最为典型。

@Target 作用:用来标识注解使用的位置,如果没有使用该注解,则可以使用在任意位置。

Java 注解-代码
分析

例 6-5 @Target 的类、方法和字段声明注解的使用。

【程序】

1.类注解 ClassAnnotation.java

```
import java.lang.annotation.ElementType;
import java.lang.annotation.Retention;
import java.lang.annotation.RetentionPolicy;
import java.lang.annotation.Target;
@Target(ElementType.TYPE)
@Retention(RetentionPolicy.RUNTIME)
public @interface ClassAnnotation{
    String value() default "Class Annotation";
}
```

2.方法注解 MethodAnnotation.java

```
import java.lang.annotation.ElementType;
import java.lang.annotation.Retention;
```

```java
import java.lang.annotation.RetentionPolicy;
import java.lang.annotation.Target;
@Target(ElementType.METHOD)
@Retention(RetentionPolicy.RUNTIME)
public @interface MethodAnnotation{
    String value() default "方法注解默认值";
}
```

3.字段注解 FieldAnnotation.java

```java
import java.lang.annotation.ElementType;
import java.lang.annotation.Retention;
import java.lang.annotation.RetentionPolicy;
import java.lang.annotation.Target;
@Target(ElementType.FIELD)
@Retention(RetentionPolicy.RUNTIME)
public @interface FieldAnnotation{
    String value() default "字段注解默认值";
}
```

4.注解应用类 Student.java

```java
@ClassAnnotation(value = "学生类")
public class Student{
    @FieldAnnotation
    private String name;
    @FieldAnnotation(value = "杭州")
    private String address;
    @MethodAnnotation
    public void sayHello(){
    }
}
```

5.Target 注解测试类 TargetTest.java

```java
import java.lang.reflect.Field;
import java.lang.reflect.Method;
public class TargetTest{
    public static void main(String[] args){
```

```
        //Class注解
        System.out.println("---Class注解---");
        ClassAnnotation classAnnotation =
Student.class.getAnnotation(ClassAnnotation.class);
        if (classAnnotation!=null){
            System.out.println(classAnnotation.value());
        }
        //Method注解
        System.out.println("---Method注解---");
        Method[] methods = Student.class.getDeclaredMethods();
        for (Method method : methods){
            MethodAnnotation methodAnnotation =
method.getAnnotation(MethodAnnotation.class);
            if (methodAnnotation!=null){
                System.out.println(methodAnnotation.value());
            }
        }
        //Field注解
        System.out.println("---Field注解---");
        Field[] fields = Student.class.getDeclaredFields();
        for (Field field : fields){
            FieldAnnotation fieldAnnotation = field.getAnnotation(FieldAnnotation.class);
            if (fieldAnnotation!=null){
                System.out.println(fieldAnnotation.value());
            }
        }
    }
}
```

【程序运行】

```
---Class注解---
学生类
---Method注解---
方法注解默认值
---Field注解---
字段注解默认值
杭州
```

【程序说明】

在 Student.java 类中,@Target(ElementType.TYPE)标注的注解需要放在类名上面,@Target(ElementType.METHOD)标注的注解需要放在方法的上面,@Target(ElementType.FIELD)标注的注解需要放在字段的上面,否则会编译出错。

6.3　高级注解

从 JDK8 开始,Java 开始支持函数式接口的应用。

函数式接口定义规则:接口中只有一个抽象方法(可以包含多个默认方法或多个 static 方法)。

函数式接口注解特点:

(1)该注解只能标记在"有且仅有一个抽象方法"的接口上;

(2)JDK8 接口中的静态方法和默认方法,都不算是抽象方法;

(3)接口默认继承 java.lang.Object,所以如果接口显示声明覆盖了 Object 中方法,那么也不算抽象方法;

(4)该注解不是必需的,如果一个接口符合"函数式接口"定义,那么加不加该注解都没有影响。加上该注解能够更好地让编译器进行检查。如果编写的不是函数式接口,但是加上了@FunctionInterface,编译器就会报错。

例 6-6　函数式接口注解的应用。

【程序】

```java
@FunctionalInterface
public interface MyFuncInterface{
    //抽象方法
    public void abstractMethod();
    //java.lang.Object 中的方法不是抽象方法
    public boolean equals(Object obj);
    // default 不是抽象方法,可以不重写
    public default void defaultMethod(){}
    // static 不是抽象方法
    public static void staticMethod(){}
}
public class MyFuncInterfaceTest{
    public static void main(String[] args){
        //匿名类写法
        MyFuncInterface myFuncInterface = new MyFuncInterface(){
            @Override
            public void abstractMethod(){
```

```
                    System.out.println("函数式接口抽象方法重写");
             }
          };
          myFuncInterface.abstractMethod();
          //Lambda表达式写法
          MyFuncInterface myFuncInterface1 = ()-> System.out.println("函数
          式接口抽象方法重写");
          myFuncInterface1.abstractMethod();
      }
  }
```

【程序运行】
函数式接口抽象方法重写
函数式接口抽象方法重写
【程序说明】

对于函数式接口,有且只有一个抽象方法,否则添加@FunctionalInterface会报错。当一个接口中只有一个抽象方法时,那么@FunctionalInterface注解加不加,都不会影响该接口是函数式接口。

6.4 单元测试

单元测试指的是对软件中最小可测试单元进行检查和验证,这个过程在与程序其他部分相隔离的环境下进行。"最小被测试单元"是人为设定的功能模块,如一个类或某个方法。程序开发人员可以将待测试的单元独立进行测试,先测试后集成应用,从而减少开发人员在排错任务中的时间开销,提高编码效率和程序的稳定性。

6.4.1 JUnit框架概述

JUnit概述

JUnit是一个开源的Java语言单元测试框架,用于编写和运行可重复执行的自动化测试。JUnit可免费使用和二次开发,优点众多。如,测试代码和项目业务代码独立分开;测试代码编写容易,功能强大;自动测试,结果可即时反馈;测试包结构合理,便于组织、集成、运行;支持文本交互模式和图形交互模式等。本章将介绍JUnit的安装、基本使用、常用标签和相关类的使用。

单元测试主要是检查代码中逻辑判断、循环、流程、数据处理等方面的异常或错误,一般包括几组正确的输入输出、需要特殊处理的边界输入输出,以及潜在非法输入的可能性和处理。因此,单元测试的一个用例包括"输入数据"和"预计输出数据"两部分信息。输入数据指被测试方法的输入参数,函数内部需要访问的静态变量、成员变量等;预计输出数据指被测试方法的返回值、输出参数、方法改写的成员变量、文件更新、数据库更新等。

6.4.2　JUnit测试应用

Junit测试应用

JUnit框架目前最新的版本是5,可以在 https://junit.org/junit5/下载。下面以 IDEA 为例测试 JUnit,IDEA 一般默认已安装了 JUnit 插件,可在 Files→settings→Plugins 选项卡中的 Installed栏查看,如图6-13所示。

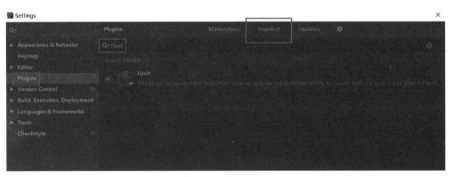

图6-13　安装JUnit插件

创建测试类,首先,在项目根目录下新建 Test 包,并在 Project Structure 中标记为 Test(默认为 Source),用以保存生成的测试类。标记后,自动生成的测试类都会自动保存在此文件夹下。

例 6-7　简单 JUnit 示例。

在 IDEA 项目中新建 Add.java、TestJUnit.java。

【程序】

```java
// Add.java 待测试文件
public class Add{
    public static int sum(int a, int b){
        return a + b;
    }
}
// TestAdd.java 测试文件
import static org.junit.jupiter.api.Assertions.*;
import org.junit.jupiter.api.Test;
class AddTest{
    @Test
    void sumTest(){
        assertEquals(3, Add.sum(1,2));
    }
}
```

【程序运行】

选择JUnit Test方式运行该项目,如图6-14所示。测试结果,如图6-15所示。

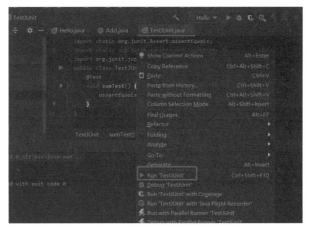

图6-14　启动Junit测试运行

图6-15　测试结果通过

【程序说明】

类Add是待测试的类。类TestAdd用于对Add.class进行测试。测试方法前必须加注解@Test,方法testSum()中assertEquals()第一个参数是方法的预计输出结果,第二个参数是待测试方法的返回结果。若两值相等,测试成功,反之,失败。

6.5　范　例

范例6-1　坚持多劳多得,保护劳动所得,鼓励勤劳致富,但也存在个别分配不公平现象,为此需要进行定期审计。请定义经理与员工类,编写单元测试,引入的各个测试进行模拟审计。

【分析】

首先定义一个员工类Employee(包含姓名和工资两个字段),接着定义一个经理类Manager(包含奖金一个字段),由于继承员工类,所以经理类也拥有姓名和工资的属性,因此在测试类Test的main方法中发现经理类比员工类多了一个奖金字段的设置。通过这个例子可以发现,在定义类的时候尽量利用父类子类的继承关系,将多个子类间的共性部分挪到父类中去,实现类的优化设计。

【程序】

```
//Employee.java
public class Employee{
        private String name; //姓名
        private double salary;  //工资
        public String getName(){
            return name;
        }
        public void setName(String name){
            this.name = name;
        }
        public double getSalary(){
            return salary;
        }
        public void setSalary(double salary){
            this.salary = salary;
        }
}
//Manager.java
public class Manager extends Employee{
        private double bonus;// 经理的奖金
        public double getBonus(){
            return bonus;
        }
        public void setBonus(double bonus){
            this.bonus = bonus;
        }
}
//Test.java
public class Test{
        public static void main(String[] args){
                //创建Employee对象并为其赋值
                Employee employee = new Employee();
                employee.setName("张三");
                employee.setSalary(4000);
                //创建Manager对象并为其赋值
                Manager manager = new Manager();
                manager.setName("李经理");
                manager.setSalary(5000);
```

```
                manager.setBonus(2000);
                //输出经理和员工的属性值
                System.out.println("员工姓名:" + employee.getName());
                System.out.println("员工工资:" + employee.getSalary());
                System.out.println("经理姓名:" + manager.getName());
                System.out.println("经理工资:" + manager.getSalary());
                System.out.println("经理奖金:" + manager.getBonus());
        }
}
//EmployeeTest.java
import static org.junit.jupiter.api.Assertions.*;
import org.junit.jupiter.api.*;
import main.Employee;
class ExployeeTest{
        private Employee emp;
        @BeforeEach
        void setUp() throws Exception{
                emp = new Employee();
                emp.setName("Zhao");
                emp.setSalary(3000);
        }
        @Test
        void getNameTest(){
                assertTrue(emp.getName().equals("Zhao"));
        }
        @Test
        void getSalaryTest(){
                assertEquals(3000,emp.getSalary());
        }
}
//ManagerTest.java
import static org.junit.jupiter.api.Assertions.*;
import org.junit.jupiter.api.*;
import main.Manager;
class ManagerTest{
        private Manager m;
        @BeforeEach
        void setUp() throws Exception{
                m = new Manager();
```

```
        m.setBonus(2000);
        m.setName("Wang");
        m.setSalary(3000);
    }
    @Test
    void getSalaryTest(){
        assertEquals(2000, m.getBonus());
    }
}
```

【程序运行】

测试运行通过，如图 6-16 所示。

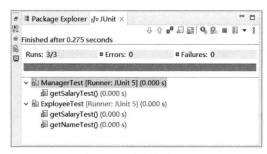

图 6-16　测试结果通过

【程序说明】

一般测试用例编写需要注意以下几点：

(1)测试方法必须使用@Test修饰；

(2)测试类一般使用Test作为类名的后缀；

(3)测试方法使一般用test作为方法名的前缀；

(4)测试单元中的每个方法必须可以独立测试，方法间不能有任何依赖；

(5)一般使用单元测试会新建一个test目录存放测试代码，在生产部署的时候只需要将test目录下代码删除即可。测试代码的包结构应与被测试代码包结构保持一致。

范例6-2　自定义注解运用举例。

【分析】

首先创建一个注解JDBCConfig，接着新建注解方式DBUtil类，最后通过反射解析注解。

【程序】

```
import java.lang.annotation.*;
import java.sql.*;
@Retention(RetentionPolicy.RUNTIME)
@Inherited
@interface JDBCConfig{
```

```
        String ip();
        int port() default 3306;
        String database();
        String encoding();
        String loginName();
        String password();
}
@JDBCConfig(ip = "127.0.0.1", database = "test", encoding = "UTF-8", loginName =
 "root", password = "root")
class DBUtil{
        static{
                try{
                        Class.forName("com.mysql.jdbc.Driver");
                } catch (ClassNotFoundException e){
                        e.printStackTrace();
                }
        }
public static Connection getConnection() throws SQLException, NoSuchMethodException,
 SecurityException{
                JDBCConfig config = DBUtil.class.getAnnotation(JDBCConfig.class);
                String ip = config.ip();
                int port = config.port();
                String database = config.database();
                String encoding = config.encoding();
                String loginName = config.loginName();
                String password = config.password();
                String url = String.format("jdbc:mysql://%s:%d/%s?characterEncoding =%s", ip, port,
database, encoding);
                return DriverManager.getConnection(url, loginName, password);
        }
        public static void main(String[] args) throws Exception{
                Connection c = getConnection();
                System.out.println(c);
        }
}
```

【程序运行】

```
com.mysql.jdbc.JDBC4Connection@1a968a59
```

【程序说明】

可以理解注解是一种特殊的接口,所有注解内定义的元素看成是接口定义的方法。在使用注解时,相当于实现了这个接口的方法,使用时的@JDBCConfig(ip="127.0.0.1"),这个给 ip 赋值的 value 就相当于自定义注解时 String ip()这个方法的返回。所以 config.ip()的返回就是使用这个注解时 ip 的 value。

习题六

一、选择题

(1)软件测试的目的是(　　)。

A.试验性运行软件　　　　　　　　　B.发现软件错误

C.证明软件正确　　　　　　　　　　D.找出软件中全部错误

(2)成功的测试是指运行测试用例后(　　)。

A.未发现程序错误　　　　　　　　　B.发现了程序错误

C.证明程序正确性　　　　　　　　　C.改正了程序错误

二、简答题

(1)什么是注解?

(2)基本注解有哪五个? 作用分别是?

(3)在 JUnit4 中,哪一个不是测试方法的特征?

(4)JUnit 主要用来完成什么?

(5)软件测试用例由哪两部分组成?

(6)单元测试主要针对模块的哪几个基本特征进行测试?

三、编程题

定义一个 Student 类(姓名、学号、年龄、政治面貌),要求重写 toString()的方法,并且此方法要使用 Annotation 的三个基本的注释,创建 Test 类,输出 Student 类的 toString 方法的所有注释。

第7章

并发编程与Lambda表达式

7.1 异常处理

7.1.1 什么是异常

在程序的编写过程中,难免会遇到出现错误或者意外的情况。程序中的语法错误,可以被Java编译系统发现,在编译阶段必须被排除,否则程序无法运行。一个程序即使编译阶段没有问题,在运行时还是可能出现各种各样的意外情况。比如,用户输入数据出错、所需文件找不到、运行时磁盘空间不足、内存空间不足、数组下标越界等。这样的错误通常被称为异常(Exception)。

例7-1 程序中的异常示例。

【程序】

```java
import java.util.*;
public class Main{
    public static void main(String[] args){
        Scanner in = new Scanner(System.in);
        int a=9,b;
        b = in.nextInt();
        System.out.print(a/b);
    }
}
```

【程序说明】

程序运行时输入3,程序运行正常,输出为3

程序运行时输入3.0,b = in.nextInt()语句执行出现InputMismatchException异常,显示为:

```
Exception in thread "main" java.util.InputMismatchException
    at java.util.Scanner.throwFor(Unknown Source)
    at java.util.Scanner.next(Unknown Source)
    at java.util.Scanner.nextInt(Unknown Source)
    at java.util.Scanner.nextInt(Unknown Source)
    at Main.main(Main.java:6)
```

程序运行时输入 0,语句 System.out.print(a/b)执行出现 ArithmeticException 异常,显示为:

```
Exception in thread "main" java.lang.ArithmeticException: / by zero
    at Main.main(Main.java:7)
```

如果程序没有处理异常,Java 系统会终止程序执行并把异常信息直接输出,从用户角度来说,显示异常没有实际意义,作为程序设计者,要做到允许程序在出现意外情况时仍可以继续运行,至少要给出适当提示,这就是异常处理的任务。

Java 通过面向对象的方法来处理异常,Java 中预定义了很多异常类,每个异常类代表一种异常场景。代码运行过程中,如果发生了异常,则会生成代表该异常的一个对象,并把它交给运行时系统,运行时系统寻找相应的代码来处理这一异常。

异常主要分为三种:Exception、RuntimeException 以及 Error,这三类异常都是 Throwable 的子类。直接从 Exception 派生的各个异常类型是检查型异常(Checked Exception)。编程时必须对可能出现的检查型异常进行必要处理,要么 try-catch 语句捕捉,要么用 throws 子句声明抛出,否则程序不会被编译器检查通过。

RuntimeException 类的各个子类则没有异常处理的强制性需求。RuntimeException 所表示的是软件开发人员没有正确地编写程序所导致的问题,如数组访问越界等。而检查型异常所表示的并不是程序的不足所导致的非正常状态,而是程序本身也无法控制的情况。例如一个应用在尝试打开一个文件并写入的时候,该文件已经被另外一个应用打开从而无法写入。

Error 是很难通过程序解决的问题,这些问题基本上是无法恢复的,例如内存空间不足等。在这种情况下,我们不会对从 Error 类派生的各个异常进行处理。

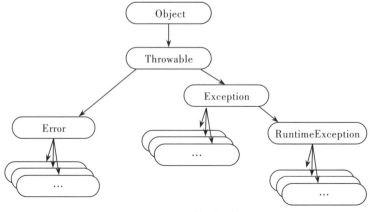

图 7-1   异常体系结构

异常处理

7.1.2 用try-catch-finally结构处理异常

try-catch-finally结构可以用来捕捉(catch)和处理异常。将可能发生异常的程序语句放置在try程序块中,将处理异常的语句放catch块中。

如果该块内的语句执行发生了异常,系统将终止try块代码的执行,自动跳转到所发生的异常类对应的catch块中,执行该块中的代码。如果程序运行正常,catch块不起任何作用。如果程序中没有给出处理异常的代码,则把异常交给Java系统默认的异常处理代码进行处理。默认的处理方式是首先显示描述异常信息的字符串,然后终止程序的运行。

try-catch-finally结构可以不包含finally块。如果结构中包含了finally块,那么不管异常是否发生,finally块中的语句总是被执行。

例7-2 程序中的异常示例。
【程序】

```java
import java.util.*;
public class Main{
    public static void main(String[] args){
        Scanner in = new Scanner(System.in);
        int a=9, b;
        try{
            b = in.nextInt();
            System.out.println(a/b);
        }catch(InputMismatchException ex){
            System.out.println("输入的不是整数");
        }finally{
            System.out.println("******");
        }
        System.out.println("bye!");
    }
}
```

【程序说明】
如果运行时输入3,try语句块中的语句正常运行完,未出现异常。接下来先执行finally语句块中的语句,再执行try-catch-finally结构后面的语句。程序输出为:

```
3↙
******
bye!
```

如果运行时输入3.0,语句b = in.nextInt()抛出InputMismatchException异常,于是不再执

行 try 语句块的剩余语句,也就是语句 System.out.println(a/b)不被执行。接下来先跳转到
InputMismatchException 异常对应的 catch 语句块执行,然后执行 finally 语句块,再执行 try-
catch-finally 结构后面的语句,程序输出为:

```
3.0↙
输入的不是整数
******
bye!
```

如果运行时输入 0,语句 b = in.nextInt()正常执行,语句 System.out.println(a/b)抛出
ArithmeticException 异常,但程序中没有给出处理该异常的 catch 语句块,Java 系统首先显示
描述异常信息的字符串,然后执行 finally 语句块,再终止程序的运行,也就是不再执行 try-
catch-finally 结构后面的语句。程序运行显示为:

```
******
Exception in thread "main" java.lang.ArithmeticException: / by zero
    at Main.main(Main.java:8)
```

7.1.4　用 throws 声明抛出异常

程序中会声明许多方法,这些方法中的语句可能引发异常,如果不希望直接在这个方法
中对异常进行处理,就可以在声明方法时使用 throws 声明抛出异常,然后在调用该方法的其
他方法里对抛出的异常进行捕获处理。

如果需要使用 throws 声明抛出多个异常,各异常之间要用逗号分隔。throws 声明抛出异
常的语法格式如下:

返回值类型　方法名(参数列表)　throws　异常类 1,异常类 2,……,异常类 n{
**　　方法体;**
}

例 7-3　用 throws 声明抛出异常。
【程序】

```
import java.io.IOException;
class Main{
    static char getChar() throws IOException{
        char c = (char)System.in.read();
        return c;
    }
```

```
public static void main(String args[]){
    try{
        char c = getChar();
        System.out.println(c);
    }catch (IOException e){
        System.out.println(e);
    }
}
}
```

【程序说明】

方法中声明的异常是throws子句中指定的异常类或其子类的实例。例如,在方法的说明中指明方法可能产生IOException的实例,但是实际上抛出的异常或许是EOFException类的实例,这些异常都是IOException子类的实例。

getChar()方法中可能产生的异常通过throws语句进行声明,将异常的处理交给调用者(本例中是main方法)进行捕获和处理。

7.1.3 用多catch结构处理异常

由于try语句块可能产生多种不同的异常,这就要求定义多个catch语句块来实现多异常处理机制,每一个catch语句块接收和处理一个异常对象,至于一个异常能否被一个catch语句块所接收,取决于异常与该语句块的异常参数匹配情况。如果异常与catch()中参数属于相同的异常类,或者异常属于与catch()中参数异常类的子类,那么异常与该语句块是匹配的。

```
try{
    // 可能产生异常的程序段
}catch (异常类型1 对象变量1){
    // 对异常1进行处理的程序段
}catch (异常类型2 对象变量2){
    // 对异常2进行处理的程序段
}catch (异常类型3 对象变量3){
    // 对异常3进行处理的程序段
}
…
finally{
    //不论异常是否发生,都执行的程序段
}
```

　　如果 try 语句块产生的异常被第一个 catch 语句块所接收,则程序的流程将直接跳转到这个 catch 语句块中执行。try 语句块中尚未执行的语句和其他的 catch 语句块将不会被执行;如果 try 语句块产生的异常与第一个 catch 语句块不匹配,系统自动转到第二个 catch 语句块进行匹配,如果仍未匹配,就转向第三个、第四个…… 直到找到一个可以接收该异常对象的 catch 语句块,完成流程的跳转。如果程序中没有与之匹配的 catch 语句块,则把异常交给 Java 系统默认的异常处理代码进行处理。

　　例 7-4　多 catch 示例。

【程序】

```java
import java.util.*;
public class Main{
    public static void main(String[] args){
        Scanner in = new Scanner(System.in);
        int a=9,b;
        try{
            b = in.nextInt();
            System.out.println(a/b);
        }catch(InputMismatchException e1){
            System.out.println("输入的不是整数");
        }catch (ArithmeticException e2){
            System.out.println("除数不可为0");
        }finally{
            System.out.println("******");
        }
        System.out.println("bye!");
    }
}
```

【程序说明】

　　如果运行时输入 3,try 语句块中的语句正常运行,未出现异常。接下来先执行 finally 语句块中的语句,再执行 try-catch-finally 结构后面的语句。程序输出为:

```
3↙
******
bye!
```

　　如果运行时输入 3.0,语句 b = in.nextInt()抛出 InputMismatchException 异常,于是不再执行 try 语句块的剩余语句,也就是语句 System.out.println(a/b)不被执行。接下来先跳转到 InputMismatchException 异常对应的 catch 语句块执行,然后执行 finally 语句块,再执行 try-catch-finally 结构后面的语句,程序输出为:

```
3.0 ✓
输入的不是整数
******
bye!
```

如果运行时输入0,语句b = in.nextInt()正常执行,语句System.out.println(a/b)抛出 ArithmeticException异常,接下来先跳转到IArithmeticException异常对应的catch语句块执 行,然后执行finally语句块,再执行try-catch-finally结构后面的语句,程序输出为:

```
除数不可为0
******
bye!
```

7.2　并发编程

并发编程

并发编程(Concurrency Programming),指的是计算机程序可以同时处理多个任务,不必 等待一个任务结束,就可以开始处理其他的任务。

现代操作系统都是属于多用户、多任务的操作系统,在一台计算机上我们可以有多个用 户在同一时间同时运行多个程序。事实上,中央处理器(CPU)在执行代码的时候,是一条条 地顺序执行的,即使是单核处理器,也可以运行多任务,因为操作系统允许处理器对多个任 务轮流交替执行。想象一下,我们在电脑上一边播放音乐,一边浏览新闻,一边下载文件,看 着是同时进行,实际上处理器是在不断地交替执行这三个任务,只不过切换得非常快和频 繁,感觉三个任务是在同时进行。这一节我们所讨论的就是如何来实现并发。

最简单的并发是在操作系统层面使用多进程,进程是操作系统进行资源调度和分配的 基本单位,可以轻松实现不同进程的程序并发运行,进程间相互隔离,互不干扰,因此使用这 种方式编程会非常容易。

因此,这里我们更多地考虑如何在一个进程中实现并发。我们可能碰到这样一个情况: 直接在窗体事件函数中跑IO操作、网络操作或耗CPU资源大的操作时,窗体会出现明显的卡 顿现象,不能响应用户。大多数可视化的应用程序开发都基于事件的响应式编程,程序通过 分发和接收消息来执行不同的任务,这时如果我们使用同步编程的模型,操作就会有阻塞。

为了解决上面的这个问题,我们需要采用异步编程模型,异步编程允许多个任务并发地 执行,或者也可以叫作并发编程,通常我们实现并发编程的方法是多线程。

另外,近几年协程(Coroutine)的编程模型也开始变得更加流行,协程带来了一种单线程 的多任务调度方案。

7.2.1 线　程

基于异步编程模型,我们可以将一个程序转换成多个独立运行的子任务,每个子任务负责进程中一个单一顺序的控制流,像这样的每个子任务都叫作一个"线程"(Thread)。

在编写程序时,通过 Thread 可以将程序分成多个线程来并发执行任务。当程序在操作系统中执行时,如果是多核的处理器,会把多线程分配给不同的核心进行处理,这种机制我们也称之为并行(parallel)。如果是单核的处理器,处理器会轮流执行多个线程,通过给每个线程分配 CPU 时间片来实现,因为这个时间片非常短(几十毫秒),所以用户依然感觉多个线程是同时执行。这两种处理方式都是多线程,只不过多核处理器下的并行运算效率明显会比单核更高。

Java 的多线程是基于操作系统的多线程实现的。主流的操作系统都提供了线程的支持,所以 Java 语言提供了在不同硬件和操作系统平台下对线程操作的统一处理。

7.2.2 Executor 的使用

Thread 类是 Java 最早就支持的线程类,在 Java 5 之前,创建线程都是通过 Thread 类来完成,但是直接使用 Thread 类缺乏统一的管理,比如可能无限制地新建线程、相互竞争,有可能占用过多系统资源导致死机或者内存泄漏。在 2004 年 Java 5 发布以后,引入了并发 API,并且在随后的新版本发布过程中得到不断增强,这里面包含了大量处理并发编程的类。其中非常重要的就是 Executor Services。

Executor Service 作为一个在程序中直接使用 Thread 的高层次替换方案,支持管理一个线程池,可以有效地控制最大并发线程数,提高系统资源利用率,同时可以避免过多资源竞争,避免阻塞。也可以直接启动异步任务,这样就不需要手动去创建新的 Thread 线程对象,同时线程池内部线程将会得到复用。

Executors 类提供了便利的工厂方法来创建不同类型的 Executor Services,下面是使用 Executors 的一个示例。

例 7-5　使用 ExecutorService 创建子线程。

//Thread3.java 文件

【程序】

```
import java.util.concurrent.ExecutorService;
import java.util.concurrent.Executors;
public class Executor1{
    public static void main(String[] args){
        ExecutorService executor = Executors.newSingleThreadExecutor();

        executor.submit(() ->{
```

```
                String threadName = Thread.currentThread().getName();
                System.out.println("Hello " + threadName);
        });
        System.out.println("Finished!");
    }
}
```

【程序说明】

使用了一个单线程线程池的executor,通过executor.submit()方法开启一个并发任务。需要注意的是,本例子运行完成后,Java进程并没有停止。这是因为executor必须显式地停止,否则程序将一直处于运行状态。

executor在创建后,会一直处于监听状态,等待新的任务。因此需要通过代码显式地终止,方法有两个:shutdown()和shutdownNow()。

使用shutdown()方法,会将线程池状态置为SHUTDOWN,线程池不再接收新的任务,已经运行的任务和队列里等待的任务都会执行完,然后线程池才会停止。

使用shutdownNow()方法,会将线程池状态置为STOP,线程池同样不再接收新的任务,已经运行的任务会尝试用interrupt中断,队列里等待的任务会被放弃执行。需要注意的是,interrupt中断并不代表任务一定会被打断(也可以理解为抛出了InterruptedException,捕获后是中断任务还是继续运行,由具体代码决定),当所有的任务全部完成后,线程池才会真正关闭。

例7-6　使用ExecutorService创建多个线程。

```
//Thread3.java 文件
```

【程序】

```
import java.util.concurrent.ExecutorService;
import java.util.concurrent.Executors;
public class Main{
    public static void main(String[] args){
        ExecutorService executor = Executors.newFixedThreadPool(3);
        for(int i=0;i<5;i++){
            executor.submit(() ->{
                String threadName = Thread.currentThread().getName();
                System.out.println("Hello " + threadName);
                try{
                    Thread.sleep(10);
                }catch(InterruptedException e){
```

```
                    System.out.println(Thread.currentThread().getName()
                    +"interrupted");
                    }
                });
            }
            executor.shutdown();
        }
    }
```

【程序说明】

通过 newFixedThreadPool()方法,创建了一个最大线程数为 3 的线程池。虽然提交了 5 个任务,但同时并发的最大线程数量是 3 个,剩下的任务会被放在队列中,在线程池空闲后继续执行。另外,shutdown()方法并没有干扰到所有任务执行,并且在所有任务完成后,Java 进程被成功结束。将 shutdown()方法换成 shutdownNow()方法后,开始运行的 3 个任务都会收到 interrupted 中断,另外剩下的 2 个任务不会再被执行。

7.2.3　线程的同步

使用多线程可以有效利用多核处理器的资源进行并行计算,但很容易引起资源的竞争,以及数据的安全问题。比如,在一个售票系统中,多个线程同时读写剩余的票数,就会引起数据错乱。

例 7-7　线程引起的数据错乱问题

```
//Thread3.java文件
```

【程序】

```
import  java.util.concurrent.ExecutorService;
import  java.util.concurrent.Executors;
class  synchronized1{
    static  int  count  =  10;
    static  void  increment(){
        while(count>0){
            try{
                System.out.println(count);
                count  =  count  -  1;
                Thread.sleep(10);
            }catch  (InterruptedException  e){
            }
```

```
        }
    }
    public static void main(String[] args) throws InterruptedException{
        ExecutorService executor = Executors.newFixedThreadPool(2);
        executor.submit(()->{
            increment();
        });
        executor.submit(()->{
            increment();
        });
        executor.shutdown();
    }
}
```

【程序运行】

```
10
9
8
8
6
5
4
4
2
2
```

【程序说明】

代码模拟了一个抢票过程,假设一共有10张票,有两个线程同时获取票,并同时将剩余票数减1。看到程序的运行结果中,票号并不是从10到1,而是出现了重复,说明同一时间多个线程访问了同一个数据,造成数据混乱。

线程安全是多线程编程时的一个概念。当某个函数、函数库在多线程环境中被调用时,能够正确地处理多个线程之间的公用变量,使程序功能正确完成,那么它就是线程安全的。但是很多情况下,我们需要面对线程不安全的问题。确保线程的安全是个非常复杂的多样化问题,在不同的业务场景下可能用到锁、数据隔离、线程安全集合以及同步等多种方法。这里仅介绍多线程同步,线程同步是保证线程安全的重要手段,也是一种最简单的方法,但是线程同步客观上会导致性能下降。

使用synchronized关键字修饰方法,可以轻松地实现线程同步。修改例7-7的代码如下:

例 7-8　使用线程同步。

//Thread3.java文件

【程序】

```java
import java.util.concurrent.ExecutorService;
import java.util.concurrent.Executors;
class synchronized1{
    static int count = 10;
    synchronized static void increment(){
        while(count>0){
            try{
                System.out.println(count);
                count = count - 1;
                Thread.sleep(10);
            }catch (InterruptedException e){
                e.printStackTrace();
            }
        }
    }
    public static void main(String[] args) throws InterruptedException{
        ExecutorService executor = Executors.newFixedThreadPool(2);
        executor.submit(()->{
            increment();
        });
        executor.submit(()->{
            increment();
        });
        executor.shutdown();
    }
}
```

【程序运行】

```
10
9
8
7
6
```

```
5
4
3
2
1
```

【程序说明】

本例在increment()方法前面加上了synchronized关键字进行加锁操作,来确保该方法在同一时间只能被一个线程执行,因此线程的同步会降低运行效率。

7.3 Lambda表达式

Java一直处在不断的发展过程中,有两个对Java语言产生了深远的影响,从根本上改变了代码的编写方式,第一个就是泛型,第二个则是Lambda表达式。 Lambda表达式是JDK 8新增功能,其显著增强了Java,原因有两点。首先,它们增加了新的语法元素,使Java语言的表达能力得以提升。其次,Lambda表达式的加入也导致API库中增加了新的功能,比如利用多核环境的并行处理功能变得更加容易,以及支持对数据执行管道操作的新的流API。

目前Lambda表达式已经成为计算机语言设计的重点关注对象。例如,C#和C++等语言都添加了Lambda表达式。JDK 8包含它们,以帮助使Java继续保持活力和创新性,亦符合程序员对Java的一贯看法。

7.3.1 Lambda表达式简介

对于理解Lambda表达式的Java实现,有两个结构十分关键。第一个就是Lambda表达式自身,第二个是函数式接口。下面首先为这两个结构下一个定义。

(1)Lambda表达式本质上就是一个匿名(即未命名)方法。但是,这个方法不是独立执行的,而是用于实现由函数式接口定义的另一个方法。因此,Lambda表达式会导致产生一个匿名类。Lambda表达式也常被称为闭包。

(2)函数式接口是仅包含一个抽象方法的接口。一般来说,这个方法指明了接口的目标用途。因此,函数式接口通常表示单个动作。例如,标准接口Runnable是一个函数式接口,因为它只定义了一个方法run()。因此,run()定义了Runnable的动作。此外,函数式接口定义了Lambda表达式的目标类型。

7.3.2 泛型函数式接口

Lambda表达式自身不能指定类型参数。因此,Lambda表达式不能是泛型。然而,与Lambda表达式关联的函数式接口可以是泛型。此时,Lambda表达式的目标类型部分由声明函数式接口引用时指定的参数类型决定。

为了理解泛型函数式接口的值,考虑这样的情况。如使用两个不同的函数式接口,一个叫作 NumericFunc,另一个叫作 StringFunc。但是,两个接口都定义了一个叫作 func()的方法,该方法接受一个参数,返回一个结果。对于第一个接口,func()方法的参数类型和返回类型为 int。对于第二个接口,func()方法的参数类型和返回类型是 String。因此,两个方法的唯一区别是它们需要的数据的类型。相较于使用两个函数式接口,它们的方法只是在需要的数据类型方面存在区别。

当然我们也可以只声明一个泛型接口来处理两种情况。下面的程序演示了这种方法。

例 7-9　使用泛型函数式接口。

【程序】

```java
//使用带有Lambda表达式的泛型函数接口。
//通用功能接口。
interface SomeFunc<T>{
    T func(T t);
}
class GenericFunctionalInterfaceDemo{
    public static void main(String[] args){
        //使用基于字符串的SomeFunc版本.
        SomeFunc<String> reverse = (str) ->{
            String result = " ";
            int i;
            for(i = str.length()-1; i >= 0; i--)
                result += str.charAt(i);
            return result;
        };
        System.out.println("Lambda 反转后字符串:"+reverse.func("Lambda"));
        //使用基于整数的SomeFunc版本。
        SomeFunc<Integer> factorial= (n) ->{
            int result = 1;
            for(int i=1;i<=n;i++)
                result =i * result;
            return result;
        };
        System.out.println("5的阶乘是"+ factorial. func(5));
    }
}
```

【程序运行】

Lambda反转后字符串：adbmal

5的阶乘是120

【程序说明】

在程序中，泛型函数式接口SomeFunc的声明如下所示：

```
interface SomeFunc<T>{
    T func(T t);
}
```

其中，T指定了func()函数的返回类型和参数类型。这意味着它与任何接受一个参数，并返回一个相同类型的值的Lambda表达式兼容。

SomeFunc接口用于提供对两种不同类型的Lambda表达式的引用。第一种表达式使用String类型，第二种表达式使用Integer类型。因此，同一个函数式接口可以用于引用reverse Lambda表达式和factorial Lambda表达式。区别仅在于传递给SomeFunc的类型参数。

7.3.3　Lambda表达式和变量捕获

Lambda表
达式1

在Lambda表达式中，可以访问其外层作用域内定义的变量。例如，Lambda表达式可以使用其外层类定义的实例或静态变量。Lambda表达式也可以显式或隐式地访问this变量，该变量引用Lambda表达式的外层类的调用实例。因此，Lambda表达式可以获取或设置其外层的实例或静态变量的值，以及调用其外层类定义的方法。

但是，当Lambda表达式使用其外层作用域内定义的局部变量时，会产生一种特殊的情况，称为变量捕获。在这种情况下，Lambda表达式只能使用实质上final的局部变量。实质上final的变量是指在第一次赋值以后值不再发生变化的变量。没有必要显式地将这种变量声明为final，不过那样做也不是错误的(外层作用域的this参数自动是实质上final的变量，Lambda表达式没有自己的this参数)。

Lambda表达式不能修改外层作用域内的局部变量，修改局部变量会移除其实质上final状态，从而使捕获该变量变得不合法。

下面的程序演示了实质上final的局部变量和可变局部变量的区别。

例7-10　Lambda变量捕获。

【程序】

```
//从封闭作用域捕获一个local变量的示例
interface MyFunc{
    int func(int n);
}
class VarCapture{
    public static void main(String[] args){
```

```
//一个可以捕获的local变量.
    int num=10;
    MyFunc my1ambda= (n) ->{
        //这种名词的用法是可以的。它不修改num。
        int v=num+n;
        //num++;
        //然而,该内容是非法的,因为它试图修改num的值。
        return v;
    };
    //num=9;
    //这行也会导致错误,因为它将从num中删除有效的最后状态。
    System.out.println(my1ambda.func(0));
  }
}
```

【程序运行】

```
10
```

【程序说明】

正如注释所指出的,num实质上是final变量,所以可以在myLambda内使用。但是,如果修改了num,不管是在Lambda表达式内还是表达式外,num都会丢失其实质上final的状态。这会导致发生错误,程序将无法通过编译。

需要重点强调,Lambda 表达式可以使用和修改其调用类的实例变量,只是不能使用其外层作用域内的局部变量,除非该变量实质上是final变量。

7.3.4　构造方法引用

与创建方法引用相似,可以创建构造方法的引用。
所需语法的一般形式如下所示:

```
Classname::new
```

可以把这个引用赋值给定义的方法与构造方法兼容的任何函数式接口的引用。
例7-11　构造函数引用。
【程序】

```
//演示一个构造器引用。
interface MyFunc{
```

```
        MyClass func(int n);
    }
    class MyClass{
        private int val;
        MyClass(int v){ val = v;}
        MyClass(){ val = 0; }
        int getvalue(){return val;}
    }
    class ConstructorRefDemo{
        public static void main(String args[]){
            //创建对 MyClass 构造方法的引用。
            //因为 MyFunc 中的 func()接受一个参数,
            //引用 MyClass 中的参数化构造方法,不是默认构造方法。
            MyFunc myClassCons = MyClass::new;
            //通过构造方法引用创建 MyClass 实例。
            MyClass mc = myClassCons.func(100);
            //使用刚刚创建的 MyClass 实例。
            System.out.println("mc对象的返回值:"+ mc.getvalue());
        }
    }
```

【程序运行】

mc 对象的返回值:100

【程序说明】

在程序中,注意 MyFunc 的 func()方法返回 MyClass 类型的引用,并且有一个 int 类型的参数。接下来,注意 MyClass 定义了两个构造方法。第一个构造方法指定一个 int 类型的参数,第二个构造方法是默认的无参数构造方法。现在,分析下面这行代码:

(1)MyFunc myClassCons = MyClass::new;

这里,表达式 MyClass:new 创建了对 MyClass 构造方法的构造方法引用。在本例中,因为 MyFunc 的 func()方法接受一个 int 类型的参数,所以被引用的构造方法是 MyClass(int v),它是正确匹配的构造方法。还要注意,对这个构造方法的引用被赋给了名为 myClassCons 的 MyFunc 引用。这条语句执行后,可以使用 myClassCons 来创建 MyClass 的一个实例,如下面这行代码所示:

(2)MyClass mc=myClassCons.func(100);

实质上,myClassCons 成了调用 MyClass(int v)的另一种方式。

7.4　范　例

范例 7-1　泛型类构造方法。

【分析】

创建泛型类的构造方法引用的方法与此相同。唯一的区别在于可以指定类型参数。这与使用泛型类创建方法引用相同,只需在类名后指定类型参数。下面的例子使 MyFunc 和 MyClass 成为泛型类演示了这一点。

【程序】

```
//演示带有泛型类的构造方法引用。
//MyFunc现在是一个通用功能接口。
interface MyFunc<T>{
    MyClass<T> func(T n);
}
class MyClass<T>{
    private T val;
    //接受参数的构造方法
    MyClass(T v){ val=v; }
    //这是默认构造方法
    MyClass(){ val = null; }
    T getvalue(){ return val; };
}
class ConstructorRefDemo{
    public static void main(String args[]){
        //创建对MyClass<T>构造方法的引用
        MyFunc<Integer> myClassCons = MyClass<Integer>::new;
        //通过构造方法引用创建MyClass<T>的实例
        MyClass<Integer> mc=myClassCons.func(100);
        //使用刚刚创建的MyClass<T>实例
        System.out.println("mc对象的val值:"+ mc.getVal());
    }
}
```

【程序运行】

mc对象的 val 值:100

【程序说明】

这个程序产生的输出与前一个版本相同。区别在于,现在 MyFunc 和 MyClass 都是泛型

类。因此,创建构造方法引用的代码可以包含一个类型参数(不过并不一定总是需要类型参数),如下所示:

> MyFunc<Integer> myClassCons =MyClass<Integer>::new;

因为创建myClassCons时,已经指定了类型参数Integer,所以这里可以将其用来创建一个MyClass<Integer>对象,如下一行代码所示:

> MyClass<Integer> mc = myClassCons.func(100)。

范例7-2 人民子弟兵永远是保卫祖国的钢铁长城,是我们心中的英雄。请设计一个英雄类,Lambda表达式中使用静态方法的方式引用类的静态方法。

【分析】

如果我们在重写方法的时候,方法体中只有一行代码,并且这行代码是调用了某个类的静态方法,并且我们把要重写的抽象方法中所有的参数都按照顺序传入了这个静态方法中,这个时候我们就可以引用类的静态方法。

【程序】

```java
import java.util.ArrayList;
import java.util.List;
import java.util.Random;
class Hero implements Comparable<Hero>{
    public String name;
    public int age;
    public int power;
    public Hero(){
    }
    public Hero(String name){
        this.name = name;
    }
    //初始化name,age,power的构造方法
    public Hero(String name,int age, int power){
        this.name = name;
        this.age = age;
        this.power = power;
    }
    @Override
    public int compareTo(Hero anotherHero){
        if(power<anotherHero.power)
            return 1;
```

```
            else
                return −1;
        }
        @Override
        public String toString(){
            return "Hero [name=" + name + ", age=" + age + ", power="
    + power + "]\r\n";
        }
}
interface HeroChecker{
    public boolean test(Hero h);
}
public class TestLambda{
    public static void main(String[] args){
        Random r = new Random();
        List<Hero> heros = new ArrayList<Hero>();
        for(int i = 0; i < 5; i++){
            heros.add(new Hero("hero " + i, r.nextInt(1000),
                    r.nextInt(100)));
        }
        System.out.println("初始化后的集合:");
        System.out.println(heros);
        HeroChecker c = new HeroChecker(){
            public boolean test(Hero h){
                return h.age>100 && h.power<50;
            }
        };
        System.out.println("在 Lambda 表达式中使用静态方法");
        filter(heros, h -> TestLambda.testHero(h) );
        System.out.println("直接引用静态方法");
        filter(heros, TestLambda::testHero);
    }
    //静态方法
    public static boolean testHero(Hero h){
        return h.age>100 && h.power<50;
    }
    private static void filter(List<Hero> heros, HeroChecker checker){
        for (Hero hero : heros){
            if (checker.test(hero))
```

```
                System.out.print(hero);
        }
    }
}
```

【程序运行】

初始化后的集合：

```
[Hero [name=hero 0, age=324, power=73]
, Hero [name=hero 1, age=437, power=57]
, Hero [name=hero 2, age=345, power=96]
, Hero [name=hero 3, age=185, power=34]
, Hero [name=hero 4, age=737, power=86]
]
```

在 Lambda 表达式中使用静态方法：

```
Hero [name=hero 3, age=185, power=34]
```

直接引用静态方法：

```
Hero [name=hero 3, age=185, power=34]
```

【程序说明】

首先为 TestLambda 添加一个静态方法，在 Lambda 表达式中调用。

习题七

一、选择题

（1）Java 编译程序对于（　　　）需要加强捕获或声明要求。

A.异常　　　　　　B.错误　　　　　　C.非检查型错误　　　　　　D.检查型异常

（2）关于 try-catch-finally 结构，下列描述正确的是（　　　）。

A.try-catch 必须配对使用

B.try 可以单独使用

C.try-finally 必须配对使用

D.在 try-catch 后如果定义了 finally 语句块，则 finally 语句块肯定会执行

（3）如果 try-catch 程序段中有多个 catch 语句,程序会(   )。

A.对每个 catch 语句都执行一次

B.对每个符合条件的 catch 语句都执行一次

C.找到匹配的异常类型的 catch 执行后不再执行其他 catch 语句

D.找到匹配的异常类型的 catch 执行后再执行其他 catch 语句

（4）线程的实现可以分为几类(   )。

A.2   B.3   C.4   D.5

（5）下列对于 Lambda 表达式的格式(形式参数)->{代码块) 说法错误的是(   )。

A.Lambda 表达式必须作用在函数式接口上

B.形式参数:如果有多个参数,参数之间用分号隔开;如果没有参数,留空即可

C.->:由英文中画线和大于符号组成,固定写法。代表指向动作

D.代码块:是我们具体要做的事情,也就是以前我们写的方法体内容

（6）下列对于 Lambda 表达式的省略模式说法错误的是(   )。

A.参数类型可以省略,但是有多个参数的情况下,不能只省略一个

B.如果参数有且仅有一个,那么小括号可以省略

C.如果代码块的语句只有一条,可以省略大括号和分号和 return,不能只省略一个

D.Lambda 的指向箭头->可以省略

二、程序阅读题

（1）写出程序的运行结果。

```
public class test{
    public static void main(String args[]){
        try{
            System.out.print("try");
        }catch(Exception e){
            System.out.print("catch");
        }finally{
            System.out.print("finally");
        }
    }
}
```

（2）写出以下程序的运行结果。

```
public class test{
    public static void main(String args[]){
        int i=0;
        String greetings[]={"你好!","新年好!"};
        while(i<3){
            try{
                System.out.println(greetings[i]);
```

```
                    }catch(ArrayIndexOutOfBoundsException    e){
                        System.out.println("产生异常");
                    }finally{
                        System.out.println("执行 finally");
                    }
                    i++;
            }
    }
}
```

（3）写出以下程序的运行结果。

```
public class test{
        public static void main(String[] args){
                int i=0;
                String[] greetings={"你好！ ","新年好！ "};
                while(i<3){
                    try{
                            System.out.println(greetings[i]);
                    }catch(ArrayIndexOutOfBoundsException    e){
                            System.out.println("产生异常");
                    }finally{
                            System.out.println("执行 finally");
                    }
                    i++;
                }
        }
}
```

（4）观察以下 Stream 流代码,写出以下程序的运行结果。

```
public class Test{
        public static void main(String[] args){
            ArrayList<String> list = new ArrayList<>();
            Collections.addAll(list, "张三丰", "张翠山", "张无忌", "张三", "赵四");
            long count = list.stream().filter(s -> s.length() == 3)
.skip(2).count();
            System.out.println(count);
```

```
        }
    }
```

三、简答题

(1)为什么使用 Executor 框架？

(2)线程的 run() 和 start() 有什么区别？

第8章

集合、反射与泛型

8.1 集　合

集合 List

　　数组可以将类型相同的多个数据组织起来,方便进行批量处理。但是在创建Java数组时,必须明确指定数组的长度,而数组一旦创建,其长度就不能被改变。然而很多实际应用中,在程序执行前可能并不知道具体有多少个数据。为了使程序能方便地存储和操纵数目不固定的一组数据,JDK类库提供了Java集合。

　　集合可理解为一个容器,容器可以包含有多个元素,这些元素通常是一些Java对象。Java的集合类主要由两个接口派生而出:Collection和Map,这2个接口又包含了一些子接口或实现类。常见的集合容器主要指映射(map)、集合(set)、列表(list)、散列表(hashtable)等抽象数据结构。每一种集合容器的抽象数据结构所定义的一些标准编程接口称之为集合框架。集合框架主要是由一组精心设计的接口、类和隐含在其中的算法所组成,通过它们可以采用集合的方式完成Java对象的存储、获取、操作以及转换等功能。

　　List、Set、Map是这个集合框架体系中最主要的三个接口。其中List和Set继承自Collection接口。Set不允许元素重复。HashSet和TreeSet是其两个主要的实现类。List有序且允许元素重复。ArrayList、LinkedList和Vector是其三个主要的实现类。Map也属于集合框架,但和Collection接口不同;Map是key对value的映射集合,其中key列就是一个集合。key不能重复,但是value可以重复。HashMap、TreeMap和Hashtable是其三个主要的实现类。

8.1.1　List接口

　　List接口继承自Collection接口,但在Collection接口加上了一个集合元素顺序的限定,也就是说List里每一个元素都有特定的位置(索引),所以常被称为有序集合(ordered Collection)或列表、序列等。因此,List可以使用Collection接口里的全部方法,同时增加了一些根据索引来操作集合元素的方法,如表8-1所示。

表8-1　List接口主要方法及描述

方法	描述
void add(int index, Object element)	将元素 element 插入在 List 集合的 index 位置处
boolean addAll(int index, Collection c)	将集合 c 所包含的所有元素都插入在 List 集合的 index 处
Object get(int index)	返回集合 index 索引处的元素
int lastIndexOf(Object o)	返回对象 o 在 List 集合中最后一次出现的位置索引
Object remove(int index)	删除并返回 index 索引处的元素
Object set(int index, Object element)	将 index 索引处的元素替换成 element 对象,返回新元素
List subList(int fromIndex, int toIndex)	返回从索引 fromIndex(包含)到索引 toIndex(不包含)处所有集合元素组成的子集合

　　JDK 标准类库里面实现了 List 接口的类包括：AbstractList、AbstractSequentialList、ArrayList、AttributeList、CopyOnWriteArrayList、LinkedList、RoleList、RoleUnresolvedList、Stack、Vector 等。其中 ArrayList、LinkedList 和 Vector 是三个最常用的实现类。

　　1.ArrayList

　　ArrayList 可以看作是实现了 List 接口的可变数组。ArrayList 类的主要方法,如表 8-2 所示。

表8-2　ArrayList类的主要方法

方法类别	方法名称	描述
增加	E set(int index, E element)	用指定的元素替代此列表中指定位置上的元素,并返回以前位于该位置上的元素
	boolean add(E e)	将指定的元素添加到此列表的尾部
	void add(int index, E element)	将指定的元素插入此列表中的指定位置。如果当前位置有元素,则向右移动当前位于该位置的元素以及所有后续元素(将其索引加 1)
	boolean addAll(Collection<? extends E> c)	按照指定 collection 的迭代器所返回的元素顺序,将该 collection 中的所有元素添加到此列表的尾部
	boolean addAll(int index, Collection<? extends E> c)	从指定的位置开始,将指定 collection 中的所有元素插入到此列表中
查找	E get(int index)	返回此列表中指定位置上的元素
删除	E remove(int index)	移除此列表中指定位置上的元素
	boolean remove(Object o)	移除此列表中首次出现的指定元素(如果存在)。这是因为 ArrayList 中允许存放重复的元素
调整数组容量	void ensureCapacity(int minCapacity)	将底层数组的容量调整为指定大小(一般是 minCapacity 或原大小的 2.5 倍两者的最大值)
	void trimToSize()	将底层数组的容量调整为当前列表保存的实际元素的大小

除了上述主要方法外,排序是ArrayList类常见的应用。

例8-1 随机输入n个学生的学号、姓名和年龄信息,以输入空字符串为结束,数据保存到ArrayList集;输入结束后,进行排序处理(先按照年龄排序,年龄相同则按姓名排序,若姓名也相同则按学号排序),最终输出排序结果。

【程序】

```java
import java.util.ArrayList;
import java.util.Collections;
import java.util.Comparator;
import java.util.Scanner;
public class ArrayListCase{
    public static void main(String[] args){
        Comparator<Student> comparator = new Comparator<Student>(){
            public int compare(Student s1, Student s2){
                if(s1.age!=s2.age){     //先按年龄排序
                    return s1.age-s2.age;
                }else{      //年龄相同则按姓名排序
                    if(!s1.name.equals(s2.name)){
                        return s1.name.compareTo(s2.name);
                    }else{      //姓名也相同则按学号排序
                        return s1.num-s2.num;
                    }
                }
            }
        };
        ArrayList<Student> list = new ArrayList<Student>();
        Scanner kb=new Scanner(System.in);
        String stuNum, name, age;
        while(true){
            System.out.println("请输入学生的学号");
            stuNum=kb.nextLine();
            if(stuNum.equals("")) break;
            System.out.println("请输入学生的姓名");
            name= kb.nextLine();
            if(name.equals("")) break;
            System.out.println("请输入学生的年龄");
            age = kb.nextLine();
            if(age.equals("")) break;
            Student stu = new Student(Integer.parseInt(stuNum), name, Integer.parseInt(age));
```

```
                list.add(stu);
            }
        System.out.println("---排序前输出---");
        display(list);
        System.out.println("---排序后输出---");
        Collections.sort(list,comparator);
        display(list);
    }
    static void display(ArrayList<Student> lst){
        for(Student s:lst){
            System.out.println(s);
        }
    }
}
class Student{
    int num;
    String name;
    int age;
    Student(int num, String name,int age){
        this.num=num;
        this.name=name;
        this.age=age;
    }
    public String toString(){
        return num+""+name+""+age;
    }
}
```

【程序运行】

输入内容为:

```
1↙ zhangsan↙ 18
2↙ lisi↙ 19
8↙ wangwu↙ 19
6↙ zhaoliu↙ 18
```

显示输出内容为：

```
---排序前输出---
1    zhangsan    18
2    lisi    19
8    wangwu    19
6    zhaoliu    18
---排序后输出---
1    zhangsan    18
6    zhaoliu    18
2    lisi    19
8    wangwu    19
```

【程序说明】

在Java中，对集合中的对象以某属性进行排序一般有两种方式。

一种是要排序对象类实现comparable接口的compareTo方法；然后把对象放入list；然后调用Collections.sort(list)；

另一种是不对要排序对象类做任何改动，创建Comparator接口的实现类C；然后把对象放入list；然后调用Collections.sort(list，C)；

本例中采用第二种方法。

注意：本例中按姓名排序时是以String类型的compareTo方法实现，而String类型的compareTo方法比较是基于字符串中的每个字符的Unicode值。请读者思考如何实现姓名按照汉语拼音排序？

2.LinkedList

LinkedList与ArrayList一样实现List接口，只是ArrayList是List接口的大小可变数组的实现，LinkedList是 List接口的链表实现。基于链表实现的方式使得LinkedList在插入和删除时更优于ArrayList，而随机访问则比ArrayList逊色些。

LinkedList实现所有可选的列表操作，并允许所有的元素包括null。除了实现 List 接口外，LinkedList类还为在列表的开头及结尾get、remove和insert元素提供了统一的命名方法。这些操作允许将链接列表用作堆栈、队列或双端队列。

LinkedList的定义：

```
public class LinkedList<E>
extends AbstractSequentialList<E>
implements List<E>, Deque<E>, Cloneable, java.io.Serializable
```

从这段代码中可以清晰地看出LinkedList继承AbstractSequentialList，实现 List、Deque、Cloneable、Serializable。其中AbstractSequentialList提供了List接口的骨干实现，从而最大限度地减少了实现受"连续访问"数据存储(如链接列表)支持的此接口所需的工作，从而以减少实现List接口的复杂度。Deque是一个线性collection接口，支持在两端插入和移除元素，定义了双端队列的操作。

在 LinkedList 中提供了两个基本属性 size、header。

```
private transient Entry<E> header = new Entry<E>(null, null, null);
private transient int size = 0;
```

其中 size 表示的 LinkedList 的大小，header 表示链表的表头，是一个 Entry 类节点对象。Entry 为 LinkedList 的内部类，它定义了存储的元素。

```
private static class Entry<E>{
        E element;          //元素节点
        Entry<E> next;      //下一个元素
        Entry<E> previous;  //上一个元素
        Entry(E element, Entry<E> next, Entry<E> previous){
            this.element = element;
            this.next = next;
            this.previous = previous;
        }
}
```

LinkedList 有两个构造方法：LinkedList() 和 LinkedList(Collection<?extends E>c)。

LinkedList() 构造一个空列表。里面没有任何元素，仅仅只是将 header 节点的前一个元素、后一个元素都指向自身。

LinkedList(Collection<?extends E>c) 构造一个包含指定 collection 中的元素的列表，这些元素按其 collection 的迭代器返回的顺序排列。该构造函数首先会调用 LinkedList()，构造一个空列表，然后调用了 addAll() 方法将 Collection 中的所有元素添加到列表中。

LinkedList 类的主要方法如表 8-3 所示。

表 8-3　LinkedList 类的主要方法

方法类别	方法名称	描述
增加	add(E e)	将指定元素添加到此列表的结尾
	add(int index, E element)	在此列表中指定的位置插入指定的元素
	addAll(Collection<? extends E> c)	添加指定 collection 中的所有元素到此列表的结尾，顺序是指定 collection 的迭代器返回这些元素的顺序。
	addAll(int index, Collection<? extends E> c)	将指定 collection 中的所有元素从指定位置开始插入此列表。
	addFirst(E e)	将指定元素插入此列表的开头
	addLast(E e)	将指定元素添加到此列表的结尾
查找	get(int index)	返回此列表中指定位置处的元素
	getFirst()	返回此列表的第一个元素
	getLast()	返回此列表的最后一个元素

续表

方法类别	方法名称	描述
查找	indexOf(Object o)	返回此列表中首次出现的指定元素的索引,如果此列表中不包含该元素,则返回-1
	lastIndexOf(Object o)	返回此列表中最后出现的指定元素的索引,如果此列表中不包含该元素,则返回-1
删除	remove(Object o)	从此列表中移除首次出现的指定元素(如果存在)
	clear()	从此列表中移除所有元素
	remove()	获取并移除此列表的头(第一个元素)
	remove(int index)	移除此列表中指定位置处的元素
	remove(Objec o)	从此列表中移除首次出现的指定元素(如果存在)
	removeFirst()	移除并返回此列表的第一个元素
	removeFirstOccurrence(Object o)	从此列表中移除第一次出现的指定元素(从头部到尾部遍历列表时)
	removeLast()	移除并返回此列表的最后一个元素
	removeLastOccurrence(Object o)	从此列表中移除最后一次出现的指定元素(从头部到尾部遍历列表时)

例 8-2　实现简单的链式栈,并以该栈结构辅助实现十进制转化为 N(N<=10)进制的功能。

【程序】

```java
import java.util.LinkedList;
import java.util.Scanner;
public class LinkedListCase{
    public static void main(String[] args){
        Scanner kb=new Scanner(System.in);
        while(true){
            System.out.println("请输入十进制数:");
            int num= kb.nextInt();
            System.out.println("请输入要转换为几进制:");
            int N= kb.nextInt();
            if(num == 0 || N == 0) break;
            String ret = conversion(num, N);
            System.out.println("十进制数"+num+"转换为"+N+"进制为:"
            +ret);
        }
    }
    static String conversion(int num, int n){
        StackList<Integer> stack = new StackList<Integer>();
```

```
            Integer  result  =  num;
            while  (true){
                stack.push(result  %  n);
                result  =  result  /  n;
                if  (result  ==  0){
                    break;
                }
            }
            StringBuilder  sb  =  new  StringBuilder();
            while  ((result  =  stack.pop())  !=  null){
                sb.append(result);
            }
            return  sb.toString();
        }
}
class StackList<T>{
    private  LinkedList<T>  list  =  new  LinkedList<T>();
    public  void  push(T  v){
        list.addFirst(v);
    }
    public  T  top(){
        if(list.isEmpty()){
            return  null;
        }else{
            return  list.getFirst();
        }
    }
    public  T  pop(){
        if(list.isEmpty()){
            return  null;
        }else{
            return  list.removeFirst();
        }
    }
}
```

【程序运行】

输入内容为：

请输入十进制数：

123

请输入要转换为几进制：

2

显示输出内容为：

十进制数 123 转换为 2 进制为：1111011

【程序说明】

程序运行后提示用户输入要转换的数字和要转换的进制，并在用户正确输入后输出转换后的结果。如果用户输入数字 0 则程序结束。

注意：LinkedList 类中 getFirst() 和 removeFirst() 方法在对象元素为空的时候会抛出异常。另外，请读者思考如何修改程序支持十进制转换为十六进制。

例 8-3　凯撒加密法

凯撒加密法是一种简单的消息编码方式，它是按照字母表将消息中的每个字母移动常量的 k 位，但这种方式极易破解，因为字母的移动只有 26 种可能。使用重复密钥可以增强密码强度：该方法不是将每个字母移动常数位，而是利用一个密钥值列表，将各个字母移动不同的位数。如果消息比密钥值列表长，则从头循环使用这个密钥值列表。实现重复密钥加解密算法，并以给定密钥值列表 {5, 12, -3, 8, -9, 4, 10} 对用户输入的字符串进行加解密，最终输出结果。

【程序】

```
import java.util.LinkedList;
import java.util.Scanner;
public class LinkedListCase2{
    public static void main(String[] args){
        Integer[] key ={5, 12, -3, 8, -9, 4, 10};
        Queue<Integer> keyQueue1 = new Queue<Integer>();
        Queue<Integer> keyQueue2 = new Queue<Integer>();
        for(int i=0;i<key.length;i++){
            keyQueue1.put(key[i]);
            keyQueue2.put(key[i]);
        }
```

```
        Scanner kb=new Scanner(System.in);
        System.out.println("请输入要加密的明文");
        String   message= kb.nextLine();
        System.out.println(message+"加密后的密文为 :"+
         encode(message, keyQueue1));
        System.out.println("请输入要解密的密文 :");
        message= kb.nextLine();
        System.out.println(message+"解密后的明文为 :"+
         decode(message, keyQueue2));
    }
    static String encode(String message, Queue<Integer> keyQueue){
        String enCoded="";
        for(int i=0;i<message.length();i++){
            Integer keyValue = keyQueue.get();
            enCoded += (char)(message.charAt(i) + keyValue);
            keyQueue.put(keyValue); //将密钥重新存储到队列中
        }
        return enCoded;
    }
    static String decode(String message, Queue<Integer> keyQueue){
        String deCoded="";
        for(int i=0;i<message.length();i++){
            Integer keyValue = keyQueue.get();
            deCoded += (char)(message.charAt(i) – keyValue);
            //将密钥重新存储到队列中
            keyQueue.put(keyValue);
        }
        return deCoded;
    }
}
class Queue<T>{
        private LinkedList<T> list = new LinkedList<T>();
        public void put(T v){
            list.addFirst(v);
        }
        public T get(){
            if(list.isEmpty()){
                return null;
```

```
            }else{
                return list.removeLast();
            }
        }
        public boolean isEmpty(){
            return list.isEmpty();
        }
        public int size(){
            return list.size();
        }
    }
}
```

【程序运行】

请输入要加密的明文

java programer

java programer加密后的密文为：omsit|tsoidi|

请输入要解密的密文：

omsit|tsoidi|

omsit|tsoidi|解密后的明文为：java programer

【程序说明】

由于用户输入的字符串长度未知，而密钥列表长度固定，因此需要对密钥列表元素循环重复利用。用队列来实现密钥列表元素的重复利用更为清晰。

8.1.2　Set接口

Set接口也是Collection接口的子接口，但是与Collection或List接口不同的是，Set接口中不能加入重复的元素。Set接口的定义如下：

```
public interface Set<E> extends Collection<E>
```

从定义上来看，Set接口与List接口的定义并没有太大的区别。但是Set接口的主要方法与Collection是一致的，也就是说Set接口并没有对Collection接口进行扩充，只是比Collection接口的要求更加严格了，不能增加重复元素。

Set接口的实例无法像List接口那样可以进行双向输出，因为此接口没有提供像List接口定义的get(int index)方法。

Set接口的实现类主要有HashSet、TreeSet、LinkedHashSet等。这些实现类的共同点就是每个相同的项只能保存一份。

1.HashSet

HashSet采用复杂的散列存储方式存储元素，所以元素没有顺序。使用HashSet能够最快地获取集合中的元素,效率非常高(以空间换时间)。HashSet 根据 hashcode 和 equals 来判断是否是同一个对象,如果 hashcode 一样,并且 equals 返回 true,则是同一个对象。

例 8-4 学生类 Student 在保存学生姓名时将姓和名分别保存在 last 和 first 成员变量中,输入一个班级的学生的姓和名,最终输出该班级学生的不同姓氏(相同姓氏不能重复输出)。

【程序】

```java
import java.util.HashSet;
public class SetCase{
    public static void main(String[] args){
        HashSet<Student> set = new HashSet<Student>();
        set.add(new Student("张", "三"));
        set.add(new Student("李", "四"));
        set.add(new Student("李", "五"));
        set.add(new Student("李", "六"));
        set.add(new Student("张", "七"));
        System.out.println(set);
    }
}
class Student{
    private String first;
    private String last;
    public Student(String last, String first){
        this.first = first;
        this.last = last;
    }
    public boolean equals(Object o){
        if (this == o){
            return true;
        }
        if (o.getClass() == Student.class){
            Student stu = (Student)o;
            return stu.last.equals(last);
        }
        return false;
    }
    public int hashCode(){
        return last.hashCode();
    }
    public String toString(){
```

```
        return "Name[last=" + last + "]";
    }
}
```

【程序运行】

显示输出内容为：

```
[Name[last=李], Name[last=张]]
```

【程序说明】

从程序的运行结果中可以清楚地看出，对于重复元素只会增加一次，而且程序运行时向集合中加入元素的顺序并不是集合中的保存顺序，证明 HashSet 类中的元素是无序排列的。

注意：上述程序中如果没有 hashCode() 方法，则输出结果会不同。HashSet 根据 hashcode 和 equals 来判断是否是同一个对象，如果不重载 hashCode() 方法则默认情况下不同的对象其 hashcode 很可能是不一样的。

2.TreeSet

如果想对输入的数据进行有序排列，则要使用 TreeSet 子类。TreeSet 类的定义如下：

```
public class TreeSet extends AbstractSet implements SortedSet, Cloneable, Serializable
```

其中，TreeSet 类也是继承了 AbstractSet 类，此类的定义如下：

```
public abstract class AbstractSet extends AbstractCollection implements Set
```

例 8-5 录入班级学生的姓名、学号、语文成绩、数学成绩和英语成绩，实现将学生信息按平均成绩的排序顺序输出。

【程序】

```
import java.util.Scanner;
import java.util.TreeSet;
public class TreeSetCase{
    static TreeSet<Student> stu = new TreeSet<Student>();
    public static void main(String[] args){
        addStudent();
        System.out.println("姓名\t学号\t语文\t数学\t英语\t平均分");
        System.out.println(stu);
    }
    //录入学生信息
```

```java
    public static void addStudent(){
        Scanner input = new Scanner(System.in);
        String yesOrNo;
        do{
            System.out.print("姓名:");
            String name = input.nextLine();
            System.out.print("学号:");
            String id = input.nextLine();
            System.out.print("语文:");
            int chinese = input.nextInt();
            System.out.print("数学:");
            int math = input.nextInt();
            System.out.print("英语:");
            int english = input.nextInt();
            input.nextLine();   //消除之前的\n
            stu.add(new Student(name,id,chinese,math,english));
            System.out.println("是否继续添加学生信息(Y/N)? ");
            yesOrNo = input.nextLine();
        }while(yesOrNo.toUpperCase().equals("Y"));
    }
}
class Student implements Comparable<Student>{
    private String name;
    private String id;
    private int chinese; //语文
    private int math; //数学
    private int english; //英语
    public Student(){
    }
    public Student(String name, String id, int chinese, int math, int english){
        setName(name);
        setId(id);
        setChinese(chinese);
        setMath(math);
        setEnglish(english);
    }
    public String getName(){
        return name;
```

```
}
public void setName(String name){
    this.name = name;
}
public String getId(){
    return id;
}
public void setId(String id){
    this.id = id;
}
public int getChinese(){
    return chinese;
}
public void setChinese(int chinese){
    this.chinese = chinese;
}
public int getMath(){
    return math;
}
public void setMath(int math){
    this.math = math;
}
public int getEnglish(){
    return english;
}
public void setEnglish(int english){
    this.english = english;
}
public int compareTo(Student other){
    return average() - other.average();
}
//平均成绩
public int average(){
    return (getChinese()+getMath()+getEnglish())/3;
}
@Override
public String toString(){
    return getName()+"\t"+getId()+"\t"+getChinese()+"\t"+getMath()+"\t"+
```

```
    getEnglish()+"\t"+average()+"\n";
    }
}
```

【程序运行】
输入内容为：

```
姓名：zhangsan
学号：1
语文：70
数学：80
英语：90
是否继续添加学生信息(Y/N)?
y↙
姓名：lisi
学号：2
语文：75
数学：70
英语：80
是否继续添加学生信息(Y/N)?
y↙
姓名：wangwu
学号：3
语文：71
数学：72
英语：86
是否继续添加学生信息(Y/N)?
n↙
```

显示输出内容为：

姓名	学号	语文	数学	英语	平均分
lisi	2	75	70	80	75
wangwu	3	71	72	86	76
zhangsan	1	70	80	90	80

【程序说明】
可以看出，程序在向集合中插入数据时是没有顺序的，但是输出之后数据是有序的，所以 TreeSet 是可以排序的子类。对于普通类型来说，可以采用默认的比较方法进行排序，对

于特定的类属性排序来说需要重载compareTo()方法。

注意：上述代码运行中，当输入的数据计算后，两个学生的平均成绩相等时，输出结果只会显示其中一个人的信息，这符合Set接口的定义，"无序，不重复"。读者可以考虑如何修改程序实现无论平均成绩是否相等都能排序输出。

8.1.3　Map接口

Map接口也称为字典，或关联数组，用于保存具有映射关系的数据(key-vlaue)。Map的key不允许重复，即同一个Map对象的任何两个key通过equals方法比较总是返回false。Map中包含了一个keySet()方法，用于返回Map所有key组成的Set集合。

Map集合与Set集合元素的存储形式很像，如Set接口下有HashSet、LinkedHashSet、SortedSet(接口)、TreeSet、EnumSet等实现类和子接口，而Map接口下则有HashMap、LinkedHashMap、SortedMap(接口)、TreeMap、EnumMap等实现类和子接口。

Map的value非常类似List：元素与元素之间可以重复，每个元素可以根据索引(key)来查找。

Map接口中定义的主要方法如下：

（1）void clear();删除Map对象中所有key-value对。

（2）boolean containsKey(Object key):查询Map中是否包含指定key，如果包含则返回true。

（3）boolean containsValue(Object value):查询Map中是否包含一个或多个value，如果包含则返回true。

（4）Set entrySet():返回Map中所有包含的key-value对组成的Set集合，每个集合元素都是Map.Entry(Entry是Map的内部类)对象。

（5）Object get(Obejct key):返回指定key所对应的value；如果此Map中不包含key，则返回null。

（6）boolean isEmpty():查询该Map是否为空(即不包含任何key-value对)，如果为空则返回true。

（7）Set keySet():返回该Map中所有key所组成的set集合。

（8）Object put(Object key, Object value):添加一个key-value对，如果当前Map中已有一个与该key相等的key-value对，则新的key-value对会覆盖原来的key-value对。

（9）Object remove(Object key):删除指定key对应的key-value对，返回被删除key所关联的value，如果该key不存在，返回null。

（10）int size():返回该Map里的key-value对的个数。

（11）Collection values():返回该Map里所有value组成的Collection。

（12）Map中包括一个内部类：Entry。该类封装了一个key-value对，Entry包含三个方法：

（13）Object getkey():返回该Entry里包含的key值。

（14）Object getValue():返回该Entry里包含的value值。

（15）Object setValue():设置该Entry里包含的value值，并返回新设置的value值。

因此，也可以把Map理解成一个特殊的Set，只是该Set里包含的集合元素是Entry对象，而不是普通对象。

下面重点介绍 HashMap、TreeMap、LinkedHashMap 这三个主要的 Map 接口实现类。

1.HashMap

HashMap 是基于哈希表的 Map 接口的非同步实现。此实现提供所有可选的映射操作，并允许使用 null 值和 null 键。此类不保证映射的顺序，特别是它不保证该顺序恒久不变。

HashMap 的接口定义如下：

```
public class HashMap<K,V> extends AbstractMap<K,V>
          implements Map<K,V>, Cloneable, Serializable
```

可以看出，HashMap 实现了 Map 接口，继承 AbstractMap。其中 Map 接口定义了键映射到值的规则，而 AbstractMap 类提供 Map 接口的骨干实现，以最大限度地减少实现此接口所需的工作，其实 AbstractMap 类已经实现了 Map。

HashMap 提供了三个构造函数：

（1）HashMap()：构造一个具有默认初始容量（16）和默认加载因子（0.75）的空 HashMap。

（2）HashMap(int initialCapacity)：构造一个带指定初始容量和默认加载因子（0.75）的空 HashMap。

（3）HashMap(int initialCapacity, float loadFactor)：构造一个带指定初始容量和加载因子的空 HashMap。

HashMap 类的主要方法如下：

（1）void clear()：从此映射中移除所有映射关系。

（2）Object clone()：返回此 HashMap 实例的浅表副本：并不复制键和值本身。

（3）boolean containsKey(Object key)：如果此映射包含对于指定键的映射关系，则返回 true。

（4）boolean containsValue(Object value)：如果此映射将一个或多个键映射到指定值，则返回 true。

（5）Set<Map.Entry<K,V>> entrySet()：返回此映射所包含的映射关系的 Set 视图。

（6）V get(Object key)：返回指定键所映射的值；如果对于该键来说，此映射不包含任何映射关系，则返回 null。

（7）boolean isEmpty()：如果此映射不包含键-值映射关系，则返回 true。

（8）Set<K> keySet()：返回此映射中所包含的键的 Set 视图。

（9）V put(K key, V value)：在此映射中关联指定值与指定键。

（10）void putAll(Map<?extends K,?extends V>m)：将指定映射的所有映射关系复制到此映射中，这些映射关系将替换此映射目前针对指定映射中所有键的所有映射关系。

（11）V remove(Object key)：从此映射中移除指定键的映射关系(如果存在)。

（l2）int size()：返回此映射中的键-值映射关系数。

（13）Collection<V> values()：返回此映射所包含的值的 Collection 视图。

例 8-6　输入字符串,统计该字符串中出现的字符及其出现的次数。

【程序】

```
import java.util.HashMap;
import java.util.Scanner;
```

```
public class MapCase{
    public static void main(String[] args){
        Scanner kb=new Scanner(System.in);
        System.out.println("请输入要统计的字符串");
        String inputstr = kb.nextLine();
        char[]   array_input = inputstr.toCharArray();
        HashMap<Character,Integer>map = newHashMap<Character,Integer>();
        for(int i=0;i<array_input.length;i++){
                Character row = array_input[i];
            if(map.containsKey(row)){//包含 key value值加 1
                Integer count = map.get(array_input[i])+1;
                map.remove(row);
                map.put(row, count);
            }else{
                map.put(row, 1);
            }
        }
        System.out.println("该字符串中各个字符出现的频次为:");
        System.out.println(map);
    }
}
```

【程序运行】

输入内容为:

请输入要统计的字符串
abbcccaabdceabbcd

显示输出内容为:

该字符串中各个字符出现的频次为:

{a=4, b=5, c=5, d=2, e=1}

2.TreeMap

Map 接口派生了一个 SortedMap 子接口,TreeMap 为其实现类。类似 TreeSet 排序,TreeMap 也是基于红黑树对 TreeMap 中所有 key 进行排序,从而保证 TreeMap 中所有key-value 对处于有序状态。

TreeMap 中判断两个 key 相等的标准也是两个 key 通过 equals 比较返回 true,而通过compareTo 方法返回 0,TreeMap 即认为这两个 key 是相等的。

TreeMap 中提供了系列根据 key 顺序来访问 Map 中 key-value 对方法：

（1）Map.Entry firstEntry()：返回该 Map 中最小 key 所对应的 key-value 对，如果该 Map 为空，则返回 null。

（2）Object firstKey()：返回该 Map 中的最小 key 值，如果该 Map 为空，则返回 null。

（3）Map.Entry lastEntry()：返回该 Map 中最大 key 所对应的 key-value 对，如果该 Map 为空，或不存在这样的 key-value 都返回 null。

（4）Object lastKey()：返回该 Map 中的最大 key 值，如果该 Map 为空，或不存在这样的 key 都返回 null。

（5）Map.Entry higherEntry(Object key)：返回该 Map 中位于 key 后一位的 key-value 对（即大于指定 key 的最小 key 所对应的 key-value 对）。如果该 Map 为空，则返回 null。

（6）Object higherKey()：返回该 Map 中位于 key 后一位的 key 值（即大于指定 key 的最小 key 值）。如果该 Map 为空，或不存在这样的 key 都返回 null。

（7）Map.Entry lowerEntry(Object key)：返回该 Map 中位于 key 前一位的 key-value 对（即小于指定 key 的最大 key 所对应的 key-value 对）。如果该 Map 为空，或不存在这样的 key-value 则返回 null。

（8）Object lowerKey()：返回该 Map 中位于 key 前一位的 key 值（即小于指定 key 的最大 key 值）。如果该 Map 为空，或不存在这样的 key 都返回 null。

（9）NavigableMap subMap(Object fromKey, boolean fromInclusive, Object tokey, boolean tolnclusive)：返回该 Map 的子 Map，其 key 的范围从 fromKey（是否包括取决于第二个参数）到 tokey（是否包括取决于第四个参数）。

（10）SorterMap subMap(Object fromKey, Object toKey)：返回该 Map 的子 Map，其 key 的范围从 fromKey（包括）到 toKey（不包括）。

（11）SortedMap tailMap(Object fromKey, boolean inclusive)：返回该 Map 的子 Map，其 key 的范围是大于 fromkey（是否包括取决于第二个参数）的所有 key。

（12）NavigableMap headMap(Object toKey, boolean lnclusive)：返回该 Map 的子 Map，其 key 的范围是小于 fromKey（是否包括取决于第二个参数）的所有 key。

例 8-7 对随机输入的华东六省一市名称及其介绍按照省份名称的汉语拼音排序输出每个省份的介绍。

【程序】

```
import java.text.CollationKey;
import java.text.Collator;
import java.util.Collection;
import java.util.Comparator;
import java.util.Iterator;
import java.util.TreeMap;
public class TreeMapCase{
    public static void main(String[] args){
        CollatorComparator comparator = new CollatorComparator();
```

```
            TreeMap map = new TreeMap(comparator);
            map.put("上海","上海市介绍...");
            map.put("浙江","浙江省介绍...");
            map.put("江苏", "江苏省介绍...");
            map.put("安徽", "安徽省介绍...");
            map.put("山东", "山东省介绍...");
            map.put("福建", "福建省介绍...");
            map.put("江西", "江西省介绍...");
            Collection col = map.values();
            Iterator it = col.iterator();
            while(it.hasNext()){
                    System.out.println(it.next());
            }
    }
}
class CollatorComparator implements Comparator{
    Collator collator = Collator.getInstance();
    public int compare(Object element1, Object element2){
        CollationKey key1 = collator.getCollationKey(element1.toString());
        CollationKey key2 = collator.getCollationKey(element2.toString());
        return key1.compareTo(key2);
    }
}
```

【程序运行】

显示输出内容为：

```
安徽省介绍...
福建省介绍...
江苏省介绍...
江西省介绍...
山东省介绍...
上海市介绍...
浙江省介绍...
```

【程序说明】

程序中 Collator 类用来简化我们处理各种语言之间的差别性,主要处理规范化的典型等效字符和多层次的比较。

8.1.4　Collection 接口

一个 Collection 表示一组元素对象。Collection 接口是除了 Map 子体系外所有集合对象都必须实现的接口,也就是说 Collection 接口是整个 Collection 子体系的根接口。一些 Collection 接口的实现允许重复元素,而另外一些则不允许。Java 平台没有提供任何对这个接口的直接实现,但是提供了一些更加专用的子接口;其中,两个常用子接口是 List 和 Set,分别表示有序可重复,无序不可重复的集合。

Collection 接口的主要方法及描述如表 8-4 所示。在实际应用中,可以通过 size、isEmpty 方法来获知集合中还有多少元素或是否为空。通过 contains 方法来判断给定元素是否在集合中。通过 add、remove 方法来添加或移除元素。并且提供 iterator 方法来迭代访问集合。

表 8-4　Collection 接口主要方法及描述

方法	描述
boolean add(E element)	向集合中加入一个对象
boolean addAll(Collection<?extends E> c)	向集合中加入一个参数集合的所有对象
void clear( )	删除集合中所有对象
boolean contains(Object element)	判断在集合中是否含有特定对象
boolean containsAll(Collection<?> c)	判断在集合中是否含有参数集合的所有对象
boolean isEmpty()	判断集合是否为空
Iterator iterator()	返回一个 Iterator 对象,可用它来遍历集合中的元素
boolean remove(Object o)	从集合中删除一个对象
boolean removeAll(Collection<?> c)	从集合中删除参数集合包含的所有对象
boolean retainAll(Collection<?> c)	判断在集合中是否仅仅包含参数集合的所有对象
int size( )	返回集合中元素的数目
Object [ ] toArray()	返回一个数组,该数组包含集合中的所有元素
<T> T[] toArray(T[] a)	返回一个指定类型的数组,该数组包含集合中的所有元素

在集合的各类运算中,使用最频繁的是集合遍历。一般来说,for-each 循环遍历和通过 Iterator 接口实现迭代器访问遍历是两种最常用的集合遍历方法。其中,for-each 循环可以与任何实现了 Iterable 接口的对象一起工作。而 Collection 接口扩展了 Iterable 接口,因此 Collection 子体系的任何集合都可以使用 for-each 循环。

for-each 循环遍历集合的一般形式如下所示:

```
for(Object o : collection){
    //遍历输出集合中的每一个对象
    System.out.println(o);
}
```

迭代器可以遍历集合并且可以有选择性地移除集合中的某些元素。通过调用集合的

iterator方法可以获得集合的迭代器。Iterator接口的定义如下所示：

```
public interface Iterator<E>{
    boolean hasNext();
    E next();
    void remove();
}
```

其中，hasNext方法判断集合中是否还有下一个元素，next返回迭代中的下一个元素。remove方法移除next返回的元素。一般来说，每调用一次next，最多只能调用一次remove，否则会抛出异常。

由于Collection是接口，无法直接构建具体的Collection对象，下面以具体类ArrayList来演示两种遍历过程(其中，ArrayList类实现了List接口，而List接口继承自Collection接口；ArrayList类将在List接口一节详细介绍)。

例8-8 随机输入n个学生的姓名，以输入空字符串为结束，数据保存到ArrayList集合，编程实现该集合的for-each循环遍历输出和迭代器访问遍历输出，然后在迭代器遍历中去除所有字数大于2的姓名，最终输出集合结果。

【程序】

```
import java.util.ArrayList;
import java.util.Iterator;
import java.util.List;
import java.util.Scanner;
public class Test{
    public static void main(String[] args){
        List<String> list = new ArrayList<String>();
        Scanner kb=new Scanner(System.in);
        String str = kb.nextLine();
        while(!str.equals("")){
            list.add(str);
            str = kb.nextLine();
        }
        System.out.println("---for-each循环遍历输出---");
        for(Object object : list){
            System.out.println(object);
        }
        System.out.println("----迭代器遍历输出---");
        Iterator<String> iterator = list.iterator();
        while(iterator.hasNext()){
```

```
            String  element  =  (String)  iterator.next();
            System.out.println(element);
        }
    System.out.println("----遍历删除字数大于 2 的姓名---");
    Iterator<String>  iterator2 = list.iterator();
    while(iterator2.hasNext()){
            String  element  =  (String)  iterator2.next();
            if(element.length()>2){
                    iterator2.remove();
            }
    }
    System.out.println("----再次迭代器遍历输出---");
    Iterator<String>  iterator3 = list.iterator();
    while(iterator3.hasNext()){
            String  element  =  (String)  iterator3.next();
            System.out.println(element);
        }
    }
}
```

【程序运行】

输入内容为:

```
张三✓李四✓哈利波特✓王五✓杰克逊✓✓
显示输出内容为:
---for-each 循环遍历输出---✓张三✓李四✓哈利波特✓王五✓杰克逊
----迭代器遍历输出---✓张三✓李四✓哈利波特✓王五✓杰克逊
----遍历删除字数大于 2 的姓名---
----再次迭代器遍历输出---✓张三✓李四✓王五
```

【程序说明】

上述代码中,如果把 iterator2.remove() 放到 iterator2.next() 之前,就会抛出 java.lang.IllegalStateException 异常。

注意:Iterator.remove 是遍历集合期间修改集合的唯一安全方法。如果在遍历集合期间用其他方法修改集合,会发生难以预料的事情。

迭代器和 for-each 循环这两种遍历方法在遍历访问集合元素时可以相互替代,但是如果要在集合遍历过程中改变集合,例如:移除当前元素,那么建议使用迭代器遍历方法。

8.2　反　射

　　反射是指一类应用,它们能够自描述和自控制。也就是说,这类应用通过采用某种机制来实现对自己行为的描述(self-representation)和监测(examination),并能根据自身行为的状态和结果,调整或修改应用所描述行为的状态和相关的语义。Java中,反射是一种强大的能力,它使开发人员能够创建灵活的代码,这些代码可以在运行时装配,无须在组件之间进行源代表链接。反射允许在编写与执行时,使程序代码能够接入装载到JVM中的类的内部信息,而不是源代码中选定的类协作的代码。这使反射成为构建灵活的应用的主要工具。但需注意的是,如果使用不当,反射的成本会很高。

8.2.1　类反射

　　Reflection是Java程序开发语言的特征之一,它允许运行中的Java程序对自身进行检查,或者说"自审",并能直接操作程序的内部属性。

　　例 8-9　实现类的成员方法查询程序:输入一个类的完整名称,输出该类的所有成员方法。

　　【程序】

```
import java.lang.reflect.*;
import java.util.Scanner;
public class ReflectCase{
  public static void main(String args[]){
    try{
        System.out.println("请输入Java类的名称");
        Scanner input = new Scanner(System.in);
        String className = input.next();
        Class c = Class.forName(className);
        Method m[] = c.getDeclaredMethods();
        System.out.println("类"+className+"的方法包括:");
        for (int i = 0; i < m.length; i++)
            System.out.println(m[i].toString());
    } catch(Throwable e){
        System.err.println(e);
    }
  }
}
```

【程序运行】

输入内容为：

请输入 Java 类的名称

java.util.Stack

显示输出内容为：

类 java.util.Stack 的方法包括：

```
public synchronized java.lang.Object java.util.Stack.pop()
public java.lang.Object java.util.Stack.push(java.lang.Object)
public boolean java.util.Stack.empty()
public synchronized java.lang.Object java.util.Stack.peek()
public synchronized int java.util.Stack.search(java.lang.Object)
```

【程序说明】

该程序使用 Class.forName 载入指定的类，然后调用 getDeclaredMethods 来获取这个类中定义的方法列表。java.lang.reflect.Methods 是用来描述某个类中单个方法的一个类。

对于构造函数、成员变量和方法来说，java.lang.Class 提供四种独立的反射调用，以不同的方式来获得信息。调用都遵循一种标准格式。以下是用于查找构造函数的一组反射调用：

（1）Constructor getConstructor(Class[] params)：获得使用特殊的参数类型的公共构造函数

（2）Constructor[] getConstructors()：获得类的所有公共构造函数

（3）Constructor getDeclaredConstructor(Class[] params)：获得使用特定参数类型的构造函数(与接入级别无关)

（4）Constructor[] getDeclaredConstructors()：获得类的所有构造函数(与接入级别无关)

（5）获得成员变量的 Class 反射调用不同于那些用于获取构造函数的调用，在参数类型数组中使用了字段名：

（6）Field getField(String name)：获得名称为 name 的公共成员变量

（7）Field[] getFields()：获得类的所有公共成员变量

（8）Field getDeclaredField(String name)：获得类声明的名称为 name 的成员变量

（9）Field[] getDeclaredFields()：获得类声明的所有成员变量

（10）用于获得成员方法的函数为：

（11）Method getMethod(String name, Class[] params)：使用特定的参数类型，获得名称为 name 的公共方法

（12）Method[] getMethods()：获得类的所有公共方法

（13）Method getDeclaredMethod(String name, Class[] params)：使用特定的参数类型，获得类声明的名称为 name 的方法

（14）Method[] getDeclaredMethods()：获得类声明的所有方法

使用反射的时候一般遵循三个步骤：

（1）获得你想操作的类的 java.lang.Class 对象。常见的方式为：

Class c = Class.forName("java.lang.String");这条语句得到一个String类的类对象。

Class c = int.class; 这条语句得到基本类型整型 int 类型。

Class c = Integer.TYPE; 这条语句得到基本类型整型的封装类 Integer 定义的 TYPE 字段。

（2）调用上述讨论的 getDeclaredMethods()等方法，获得该类中定义的所有（或相关）方法；或调用上述讨论的 getDeclaredFields ()等方法，获得该类中定义的所有（或相关）成员变量。

（3）使用 reflection API 来进一步获取相关信息。

如下面这段代码：

```
Class c = Class.forName("java.lang.String");
Method m[] = c.getDeclaredMethods();
System.out.println(m[0].toString());
```

它将以文本方式打印出 String 中定义的第一个方法的原型。

8.2.2 注解与反射

反射是很多技术的基础，Annotation(注解)就是建立在反射基础上的一种重要的技术。

Java所有注解都继承了 Annotation 接口，Java 使用 Annotation 接口代表注解元素，该接口是所有 Annotation 类型的父接口。同时为了运行时能准确获取到注解的相关信息，Java 在 java.lang.reflect 反射包下新增了 AnnotatedElement 接口，它主要用于表示目前正在 VM 中运行的程序中已使用注解的元素，通过该接口提供的方法可以利用反射技术读取注解的信息，如反射包的 Constructor 类、Field 类、Method 类、Package 类和 Class 类都实现了 AnnotatedElement接口。

下面表8-5是 AnnotatedElement 中相关的 API方法，以上5个类都实现以下的方法：

表8-5 API方法说明

返回值	方法名	说明
<A extends Annotation>	getAnnotation(Class<A> annotationClass)	本元素如果存在指定类型的注解,则返回这些注解,否则返回 null
Annotation[]	getAnnotations()	返回此元素上存在的所有注解,包括从父类继承的
Boolean	isAnnotationPresent(Class<?extends Annotation> annotationClass)	如果指定类型的注解存在于此元素上,则返回 true,否则为 false
Annotation[]	getDeclaredAnnotations()	返回直接存在于此元素上的所有注解,不包括从父类继承的注解,如果没有就返回长度为0的数组。调用者可以随意修改返回的数组,不会对其他调用者返回的数组产生影响

下文为一个简单的例子,来说明可以通过 Java 反射机制来获取注解相关信息:

【程序】

```java
//DocumentA.java
@Target(ElementType.TYPE)
@Retention(RetentionPolicy.RUNTIME)
@Documented
@Inherited
public @interface DocumentA{
}
//DocumentB.java
@Target(ElementType.TYPE)
@Retention(RetentionPolicy.RUNTIME)
public @interface DocumentB{
}
// DocuDemo.java
import java.lang.annotation.Annotation;
import java.util.Arrays;
@DocumentA
class A{}
@DocumentB
public class DocuDemo extends A{
    public static void main(String[] args){
        Class<?> clazz = DocuDemo.class;
        //根据指定注解类型获取该注解
        DocumentA docA = clazz.getAnnotation(DocumentA.class);
        System.out.println("A:"+docA);
        //获取该元素上的所有注解,包含从父类继承的
        Annotation[] ans = clazz.getAnnotations();
        System.out.println("ans:"+Arrays.toString(ans));
        //获取该元素上的所有注解,不包括继承!
        Annotation[] ans2 = clazz.getAnnotations();
        System.out.println("ans2:"+Arrays.toString(ans2));
        //判断注解 DocumentA 是否在该元素上
        boolean b = clazz.isAnnotationPresent(DocumentA.class);
        System.out.println("b="+b);
    }
}
```

【程序运行】

```
A:@DocumentA()
ans:[@DocumentA(), @DocumentB()]
ans2:[@DocumentA(), @DocumentB()]
b=true
```

8.3　泛　　型

泛型(Generic type或者generics)是对Java语言的类型系统的一种扩展,以支持创建可以按类型进行参数化的类。可以把类型参数看作是使用参数化类型时指定的类型的一个占位符,就像方法的形式参数是运行时传递的值的占位符一样。

可以在集合框架(Collection framework)中看到泛型的动机。例如,Map类允许您向一个Map添加任意类的对象,即使最常见的情况是在给定映射(map)中保存某个特定类型(比如String)的对象。

因为Map.get()被定义为返回Object,所以一般必须将Map.get()的结果强制类型转换为期望的类型,如下面的代码所示:

```
Map m = new HashMap();
m.put("key", "value");
String s = (String) m.get("key");
```

要让程序通过编译,必须将get()的结果强制类型转换为String,并且希望结果真的是一个String。但是有可能某人已经在该映射中保存了不是String的东西,这样的话,上面的代码将会抛出ClassCastException。

理想情况下,您可能会得出这样一个观点,即m是一个Map,它将String键映射到String值。这可以让您消除代码中的强制类型转换,同时获得一个附加的类型检查层,该检查层可以防止有人将错误类型的键或值保存在集合中。这就是泛型所做的工作。

Java语言中引入泛型是一个较大的功能增强。不仅语言、类型系统和编译器有了较大的变化,以支持泛型,而且类库也进行了大翻修,所以许多重要的类,比如集合框架,都已经成为泛型化的了。这带来了很多好处:

(1)类型安全。泛型的主要目标是提高Java程序的类型安全。通过知道使用泛型定义的变量的类型限制,编译器可以在一个高得多的程度上验证类型假设。没有泛型,这些假设就只存在于程序员的头脑中(或者如果幸运的话,还存在于代码注释中)。

Java程序中的一种流行技术是定义这样的集合,即它的元素或键是公共类型的,比如"String列表"或者"String到String的映射"。通过在变量声明中捕获这一附加的类型信息,泛型允许编译器实施这些附加的类型约束。类型错误现在就可以在编译时被捕获了,而不是在运行时当作 ClassCastException 展示出来。将类型检查从运行时挪到编译时有助于您更容易找到错误,并可提高程序的可靠性。

(2)消除强制类型转换。泛型的一个附带好处是,消除源代码中的许多强制类型转换。这使得代码更加可读,并且减少了出错机会。

尽管减少强制类型转换可以降低使用泛型类的代码的繁琐程度,但是声明泛型变量会带来相应的繁琐。比较下面两个代码例子。

该代码不使用泛型:

```java
List li = new ArrayList();
li.put(new Integer(3));
Integer i = (Integer) li.get(0);
```

该代码使用泛型:

```java
List<Integer> li = new ArrayList<Integer>();
li.put(new Integer(3));
Integer i = li.get(0);
```

在简单的程序中使用一次泛型变量不会降低繁琐程度。但是对于多次使用泛型变量的大型程序来说,则可以累积起来降低繁琐程度。

(3)潜在的性能收益。泛型为较大的优化带来可能。在泛型的初始实现中,编译器将强制类型转换(没有泛型的话,程序员会指定这些强制类型转换)插入生成的字节码中。但是更多类型信息可用于编译器这一事实,为未来版本的 JVM 的优化带来可能。

由于泛型的实现方式,支持泛型(几乎)不需要 JVM 或类文件更改。所有工作都在编译器中完成,编译器生成类似于没有泛型(和强制类型转换)时所写的代码,只是更能确保类型安全而已。

泛型的许多最佳例子都来自集合框架,因为泛型让您在保存在集合中的元素上指定类型约束。考虑这个使用 Map 类的例子,其中涉及一定程度的优化,即 Map.get()返回的结果将确实是一个 String:

```java
Map m = new HashMap();
m.put("key", "blarg");
String s = (String) m.get("key");
```

如果有人已经在映射中放置了不是 String 的其他东西,上面的代码将会抛出 ClassCastException。泛型允许您表达这样的类型约束,即 m 是一个将 String 键映射到 String 值的 Map。这可以消除代码中的强制类型转换,同时获得一个附加的类型检查层,这个检查层可以防止有人将错误类型的键或值保存在集合中。

下面的代码示例展示了集合框架中的 Map 接口的定义的一部分:

```
public interface Map<K, V>{
        public void put(K key, V value);
        public V get(K key);
}
```

注意该接口的两个附加物：

*类型参数 K 和 V 在类级别的规格说明，表示在声明一个 Map 类型的变量时指定的类型的占位符。

*在 get()、put()和其他方法的方法签名中使用的 K 和 V。

为了赢得使用泛型的好处，必须在定义或实例化 Map 类型的变量时为 K 和 V 提供具体的值。以一种相对直观的方式做这件事：

```
Map<String, String> m = new HashMap<String, String>();
m.put("key", "blarg");
String s = m.get("key");
```

当使用 Map 的泛型化版本时，您不再需要将 Map.get()的结果强制类型转换为 String，因为编译器知道 get()将返回一个 String。

在使用泛型的版本中并没有减少键盘录入；实际上，比使用强制类型转换的版本需要做更多键入。使用泛型只是带来了附加的类型安全。因为编译器知道放进 Map 中的键和值的类型的更多信息，所以类型检查从执行时挪到了编译时，这会提高可靠性并加快开发速度。

在 Java 语言中引入泛型的一个重要目标就是维护向后兼容。在定义泛型类或声明泛型类的变量时，使用尖括号来指定形式类型参数。形式类型参数与实际类型参数之间的关系类似于形式方法参数与实际方法参数之间的关系，只是类型参数表示类型，而不是表示值。

泛型类中的类型参数几乎可以用于任何可以使用类名的地方。例如，下面是 java.util. Map 接口的定义的摘录：

```
public interface Map<K, V>{
        public void put(K key, V value);
        public V get(K key);
}
```

Map 接口是由两个类型参数化的，这两个类型是键类型 K 和值类型 V。(不使用泛型)将会接受或返回 Object 的方法现在在它们的方法签名中使用 K 或 V，指示附加的类型约束位于 Map 的规格说明之下。

当声明或者实例化一个泛型的对象时，必须指定类型参数的值：

```
Map<String, String> map = new HashMap<String, String>();
```

　　注意,在本例中,必须指定两次类型参数。一次是在声明变量 map 的类型时,另一次是在选择 HashMap 类的参数化以便可以实例化正确类型的一个实例时。

　　编译器在遇到一个 Map<String, String>类型的变量时,知道 K 和 V 现在被绑定为 String,因此在这样的变量上调用 Map.get()将会得到 String 类型。

　　除了异常类型、枚举或匿名内部类以外,任何类都可以具有类型参数。推荐的命名约定是使用大写的单个字母名称作为类型参数。对于常见的泛型模式,推荐的名称是:

　　*K——键,比如映射的键。

　　*V——值,比如 List 和 Set 的内容,或者 Map 中的值。

　　*E——异常类。

　　*T——泛型。

　　关于泛型的混淆,一个常见的误区就是假设它们像数组一样是协变的。其实它们不是协变的,例如 List<Object>不是 List<String>的父类型。

　　如果 A 扩展 B,那么 A 的数组也是 B 的数组,并且完全可以在需要 B[]的地方使用 A[]:

```
Integer[] intArray = new Integer[10];
Number[] numberArray = intArray;
```

　　上面的代码是有效的,因为一个 Integer 是一个 Number,因而一个 Integer 数组是一个 Number 数组。但是对于泛型来说,下面的代码是无效的:

```
List<Integer> intList = new ArrayList<Integer>();
List<Number> numberList = intList;
```

　　缺少协变可能会让开发过程感觉很烦,或者甚至是“坏的(broken)”,但是考虑到如果可以将 List<Integer>赋给 List<Number>,下面的代码就会违背泛型应该提供的类型安全:

```
List<Integer> intList = new ArrayList<Integer>();
List<Number> numberList = intList;
numberList.add(new Float(3.1415));
```

　　因为 intList 和 numberList 按照定义应该是同一个对象的不同别名,如果允许的话,上面的代码就会将不是 Integers 的东西放进 intList 中。因此,可以用更加灵活的方式来定义泛型。

　　在泛型中,常用类型通配符来实现更灵活的定义。例如如下方法:

```
void printList(List l){
    for (Object o : l)
        System.out.println(o);
}
```

上面的代码能够编译通过,但是如果试图用List<Integer>调用它,则会得到警告。出现警告是因为将泛型(List<Integer>)传递给一个只承诺将它当作List(所谓的原始类型)的方法,这将破坏使用泛型的类型安全。

如果写成类似下面的方法,一样在使用时会产生问题。

```
void printList(List<Object> list){
    for (Object o : list)
        System.out.println(o);
}
```

解决方案是使用类型通配符:

```
void printList(List<?> list){
    for (Object o : list)
        System.out.println(o);
}
```

上面代码中的问号是一个类型通配符。List<?>是任何泛型List的父类型,这时完全可以将List<Object>、List<Integer>或List<List<List<Object>>>传递给printList()。

通过类型通配符声明List<?>类型的变量,我们可以对这样的List从中检索元素,但是不能添加元素(可以添加null)。例如下面的代码工作得很好:

```
List<Integer> li = new ArrayList<Integer>();
li.add(new Integer(42));
List<?> lu = li;
System.out.println(lu.get(0));
```

而下面的代码会产生错误:

```
List<Integer> li = new ArrayList<Integer>();
li.add(new Integer(42));
List<?> lu = li;
lu.add(new Integer(43)); // error
```

在本例中,对于lu,编译器不能对List的类型参数作出足够严密的推理,以确定将Integer传递给List.add()是类型安全的。所以编译器不允许这么做。

通过在类的定义中添加一个形式类型参数列表,可以将类泛型化。同样地,方法也可以被泛型化,不管它们所在的类是不是泛型化的。

泛型类在多个方法参数间实施类型约束。在 List<V>中,类型参数 V 出现在 get()、add()、contains()等方法的参数中。当创建一个 Map<K,V>类型的变量时,就在方法之间宣称一个类型约束。传递给 add()的值将与 get()返回的值的类型相同。

类似地,声明泛型方法是因为想要在该方法的多个参数之间宣称一个类型约束。例如,下面代码中的 ifThenElse()方法,根据它的第一个参数的布尔值,它将返回第二个或第三个参数:

```
public <T> T ifThenElse(boolean b, T first, T second){
    return b ? first : second;
}
```

注意,可以调用 ifThenElse(),而不用显式地告诉编译器想要 T 的什么值。编译器不必显式地被告知 T 将具有什么值;它只知道这些值都必须相同。编译器允许调用下面的代码,因为编译器可以使用类型推理来推断出替代 T 的 String 满足所有的类型约束:

```
String s = ifThenElse(b, "a", "b");
```

类似地,可以调用:

```
Integer i = ifThenElse(b, new Integer(1), new Integer(2));
```

但是,编译器不允许下面的代码,因为没有类型会满足所需的类型约束:

```
String s = ifThenElse(b, "pi", new Float(3.14));
```

在两种情况下,我们选择使用泛型方法,而不是将类型 T 添加到类定义:

(1)当泛型方法是静态的时,这种情况下不能使用类类型参数。

(2)当 T 上的类型约束对于方法而言是局部的时,这意味着没有在相同类的另一个方法中使用相同类型 T 的约束。

例 8-11 泛型示例。

【程序】定义一个泛型类,可以设置、获取和输出泛型数据,设计一个方法实现该泛型类的数值型对象整数部分的加法运算(假定“[a]”表示对数值 a 取整数部分)。

```
class Info<T>{
    private T var ;
    public void setVar(T var){   //设置数据
      this.var = var ;
    }
    public T getVar(){   //获取数据
      return this.var ;
```

```
    }
    public String toString(){ //输出字符序列
        return this.var.toString() ;
    }
}
public class GenericCase{
    public static void main(String args[]){
        // 声明Integer的泛型对象
        Info<Integer> i1 = new Info<Integer>() ;
        Info<Float> i2 = new Info<Float>() ;    // 声明Float的泛型对象
        i1.setVar(30) ;
        i2.setVar(30.1f);
        add(i1,i2) ;
    }
    public static void add(Info<? extends Number> arg1,Info<? extends Number> arg2){
        // 只能接收Number及其Number的子类
        Number result = arg1.getVar().intValue()+arg2.getVar().intValue();
        System.out.println("["+arg1+"]+["+arg2+"]="+result);
    }
}
```

【程序运行】

显示输出内容为：

```
[30]+[30.1]=60
```

【程序说明】

程序主要用到了泛型类的定义和泛型成员变量的定义和使用,以及带通配符的泛型参数方法的定义和使用。

8.4　范　例

范例8-1　输入一个字符串,如果有重复字符,请输出第一个重复出现的字符及其在字符串中的位置;如果有重复字符,请输出no_repeat Char。

【分析】

利用HashSet的特性,即不允许重复放入元素,所以一旦检测到重复元素就返回false。对于本范例来说,这种方法简洁且容易理解,能高效实现功能。

【程序】

```
import java.util.HashSet;
import java.util.Scanner;
public class findFirstChar{
    public static char findFirstRepeat(String str, int n){
        HashSet<Character> hs=new HashSet<Character>();
        int length=str.length();
        //利用 toCharArray()将 String 类型转化为 char[]类型
        char[] a=str.toCharArray();
        //通过往 hashset 填值,判断当前数据中是否有重复字符,一旦有,立刻返回
        for(int i=0;i < length;i++){
            boolean b=hs.add(a[i]);
            if(b==false){
                System.out.println(i+1);
                return a[i];
            }
        }
        return 0;
    }
    public static void main(String[] args){
        String str ;
        Scanner in=new Scanner(System.in);
        str=in.next();
        int n = str.length();
        char b = findFirstRepeat(str, n);
        if(b==0)
            System.out.printf("no_repeat Char");
        else
            System.out.println(b);
        in.close();
    }
}
```

范例 8-2　给定一个字符串,输出每个字符出现的次数。

【分析】

利用了 LinkedHashMap 哈希存储,将给定字符串以键值对形式存储在哈希 Map 中,key 就是每一个字符,value 就是每个字符出现的次数。存好后再按顺序遍历 Map。

【程序】

```java
import java.util.LinkedHashMap;
import java.util.Map;
import java.util.Map.Entry;
public class findFirst{
    private static void findFirstFind (String str, int n){
    //如果将LinkedHashMap改成HashMap,输出的结果会是怎样?
    Map<String,Integer> linkedHashMap =
new LinkedHashMap<String,Integer>();
        for(int i = 0; i < n; i++){
            //将str中的一个个字符的转化为char类型,方便处理。
            char item = str.charAt(i);
            //再将每一个char类型的字符转化为String类型。
            //这一步操作和上一步操作作用是分离出每一个字符。
            String key = String.valueOf(item);
            // 判断是否包含指定的键值
            boolean contains = linkedHashMap.containsKey(key);
            if(contains){ // 如果条件为真
                int i1=linkedHashMap.get(key);
                linkedHashMap.put(key,i1+1);
            }else{
                linkedHashMap.put(key,1);
            }
        }
        for(Entry<String, Integer> e : linkedHashMap.entrySet()){ //遍历
            System.out.println(e.getKey()+":"+e.getValue());
        }
    }
    public static void main(String[] args){
        String str = "dabcdaaef";
        int n = str.length();
        findFirstFind(str, n);
    }
}
```

范例8-3 从键盘输入n个字符串,利用ArrayList实现字符串排序。

【分析】

利用ArrayList存储字符串,将给定字符串添加到ArrayList末尾,使用Collections.sort()进行排序,最后再按顺序遍历ArrayList。

【程序】

```
import java.util.*;
public class stringSort{
    public static void main(String[] args){
        ArrayList<String> l=new ArrayList<String>();
        Scanner in=new Scanner(System.in);
        int n;
        n=in.nextInt();
        for(int i=1;i<=n;i++)    l.add(in.next());
        Collections.sort(l);
        for(int i=0;i<l.size();i++)
            System.out.println(l.get(i));
        in.close();
    }
}
```

范例 8-4 从键盘上输入一串字符,然后按逆序输出。

【分析】

本题虽然有很多解决办法,但当你了解了栈之后,你将如何利用栈来实现呢?首先,我们要建立一个栈,这个栈是用来存放从键盘上输入的字符串。每读一个字符就将该字符压入堆栈。然后,从栈顶不断弹出字符,同时在屏幕上显示出来,直到栈空。

可见利用栈的"先进后出"的特点,我们就可以实现字符串的反序。为了更好地理解栈,下面给出自定义一个用户栈 StackList 来实现,当然大家也可以直接使用 Java 提供的 Stack 类来实现。

【程序】

```
import java.util.LinkedList;
import java.util.Scanner;
class StackList<T>{
    private LinkedList<T> list = new LinkedList<T>();
    public void push(T v){
        list.addFirst(v);
    }
    public T top(){
        if(list.isEmpty()){
            return null;
        }else{
            return list.getFirst();
```

```
            }
        }
    public T pop(){
        if(list.isEmpty()){
            return null;
        }else{
            return list.removeFirst();
        }
    }
}
public class Stackstr{
    public static void main(String[] args){
        StackList<Character> stack = new StackList<Character>();
        Scanner in=new Scanner(System.in);
        String s=in.nextLine();
        Character x;
        for(int i=0;i<s.length();i++){
            char t=s.charAt(i);
            stack.push(t);
        }
        x=stack.pop();
        while (x!=null){
            System.out.print(x);
            x=stack.pop();
        }
        in.close();
    }
}
```

范例 8-5 表达式求值,要求从键盘上输入含有+,-,*,/,(,)的表达式,并以#结束,计算表达式的值。例如:求 4+5*(9-5)/3#的值。

【分析】

这个问题如果不使用堆栈很难实现,同时我们还要了解算符间的优先关系。首先我们要了解算术四则运算的规则,即先乘除,后加减;从左到右运算;先括号内,后括号外。

按照这个规则我们可以给出 4+5*(9-5)/3 的运算顺序,如图 8-1 所示。

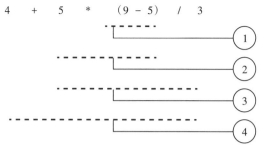

图 8-1　4+5*(9-5)/3 的运算顺序

前面我们已经讲过表达式和运算符,在 Java 语言中有很多运算符,正是这些丰富的运算符,才构成了丰富的表达式。每一类运算符之间以及不同类运算符之间都有一个优先关系。这个优先关系我们可以用算符 θ1 和算符 θ2 之间的优先关系表示:

> θ1<·θ2　θ1 的优先权低于 θ2
> θ1=·θ2　θ1 的优先权等于 θ2
> θ1·>θ2　θ1 的优先权高于 θ2

注意:这里的 θ1,θ2 的顺序不能颠倒,它们就像平面上的一个坐标点(x,y)与另一个坐标点(x,y)是不同的两点一样,同样适用于运算符之间的关系。如果 θ1=·θ2,不一定有 θ2=·θ1。例如(=·),但)=·(是不存在的。为了叙述上的简洁,我们仅讨论简单算术表达式的求值问题。这种表达式只含加、减、乘、除四种运算。读者可以将其进一步扩展。

表 8-2 定义了算符之间的这种优先关系。

表 8-2　算符优先关系

θ1 ＼ θ2	+	−	*	/	(	)	#
+	>	>	>	>	>	>	>
−	>	>	>	>	>	>	>
*	>	>	>	>	>	>	>
/	>	>	>	>	>	>	>
(	<	<	<	<	>	=	
)	>	>	>	>		>	>
#	<	<	<	<	>		=

为了实现算符优先算法,可以使用两个栈,一个称作 OPTR,用来寄存运算符;另一个称作 OPND,用来寄存操作数或运算结果。

算法思想为:

首先置操作数栈为空栈,表达式起始符'#'为运算符栈的栈底元素;

依次读入表达式中每个字符,若是操作数则进 OPND 栈,若是运算符,则和 OPTR 栈的栈顶运算符比较优先权后作相应操作,直到整个表达式求值完毕(即 OPTR 栈的栈顶元素和当前读入的字符均为'#')。

因为表达式是一个既含有操作数,又含有运算符的字符串,所以在处理操作数上我们还要考虑如何将字符串中的一个一个数字字符提取出来,然后再转换为一个整型数值,这时才可将该数值压入操作数栈中。而对于运算符的处理相对简单,只要这个运算符在集合{'+', '-','*','/','(',')','#'}中,就可以进行处理,否则报错。

下面我们有一个算法来描述这个求解过程。

```java
// 创建两个栈: OPTR,OPND.
StackList<Character> OPTR=new StackList<Character>(); //用来存放运算符的栈
StackList<Integer> OPND=new StackList<Integer>();        //用来存放操作数的栈
OPTR.push('#');
//读入一个字符.
ch=(char)System.in.read();
while((ch!='#')||(OPTR.top()!='#')){
    if (ch>='0'&&ch<='9'){
    //反复读取一个字符,然后将它存入number数组里直到遇到非数字字符
        do{
                number[length++]=ch;
            ch=(char)System.in.read();
            }while(ch>='0'&&ch<='9');
        //将number数组里的连续的数字字符转换为数字
        for(i=0;i<=length-1;i++)
                tmp+=(number[i]-48)*Math.pow(10,length-i-1);
        //将上面的数字压入OPND栈
         OPND.push(tmp);
        tmp=0;
        length=0;
        }else{
        if(ch=='+'||ch=='-'||ch=='*'||ch=='/'||ch=='('||ch==')'||ch=='#'){
          switch(precede(OPTR.top(),ch)){
            case '<':OPTR.push(ch);
                    ch=(char)System.in.read();
                    break;
            case '=':OPTR.pop();
                    ch=(char)System.in.read();
                    break;
            case '>':s=OPTR.pop();
                    b=OPND.pop();
                    a=OPND.pop();
                    OPND.push(operate(a,s,b));
```

```
                    break;
            default:System.out.println("输入错误,请按表达式格式书写!");
                    return;
        }
    }else{
        System.out.println("输入错误,请按表达式格式书写!");
        return ;
    }
  }
}
```

注意:算法中还调用了方法。其中 precede 是判定 OPTR 栈栈顶运算符与读入的运算符之间优先关系的方法;operate 为进行二元运算的方法。

利用上面的算法对算术表达式 44+34*(78/2-3)求值,操作过程如表 8-3 所示。其中只给出了主要操作,读者可以结合算法理解。

表 8-3 利用栈实现 44+34*(78/2-3)的求解过程

步骤	OPND 栈	OPTR 栈	优先关系	当前输入字符或数字	剩余字符串	主要操作
1		#		44	+34*(78/2-3)#	OPND.push(44)
2	44	#	<	+	34*(78/2-3)#	OPND.push('+')
3	44	#+		34	*(78/2-3)#	OPND.push(34)
4	44 34	#+	<	*	(78/2-3)#	OPND.push('*')
5	44 34	#+*	<	(	78/2-3)#	OPND.push('(')
6	44 34	#+*(		78	/2-3)#	OPND.push(78)
7	44 34 78	#+*(	<	/	2-3)#	OPND.push('/')
8	44 34 78	#+*(/		2	-3)#	OPND.push(2)
9	44 34 78 2	#+*(/	>		-3)#	opterape(78, '/',2)
10	44 34 36	#+*(	<	-	3)#	OPND.push('-')
11	44 34 36	#+*(-		3	)#	OPND.push(3)
11	44 34 36 3	#+*(-	>	)	#	opterape(36, '-' ,3)
12	44 34 33	#+*(	=	)	#	OPTR.pop()
13	44 34 33	#+*	>	#		opterape(34, '-',33)
14	44 1122	#+	>	#		opterape(44, '+' ,1122)

【程序】

```
package stackOperand;
import java.io.IOException;
import java.util.*;
class StackList<T>{
    private LinkedList<T> list = new LinkedList<T>();
```

```
        public void push(T v){
            list.addFirst(v);
        }
        public T top(){
            if(list.isEmpty()){
                return null;
            }else{
                return list.getFirst();
            }
        }
        public T pop(){
            if(list.isEmpty()){
                return null;
            }else{
                return list.removeFirst();
            }
        }
}
public class stackOperand{
    static int operate(int a,char s,int b) {
        int tmp = 0;
        switch((char)s){
            case '+':tmp=a+b; break;
            case '-':tmp=a-b; break;
            case '*':tmp=a*b; break;
            case '/':tmp=a/b; break;
        }
        return tmp;
    }
    static char precede(int a,int b) {
      if(a=='+'&&b=='+')return '>';
      else if(a=='+'&&b='-') return '>';
      else if(a=='+'&&b=='*') return '<';
      else if(a=='+'&&b=='/') return '<';
      else if(a=='+'&&b=='(') return '<';
      else if(a=='+'&&b==')') return '>';
      else if(a=='+'&&b=='#') return '>';
      else if(a=='-'&&b=='+') return '>';
      else if(a=='-'&&b=='-') return '>';
```

```
else if(a=='-'&&b=='*') return '<';
else if(a=='-'&&b=='/') return '<';
else if(a=='-'&&b=='(') return '<';
else if(a=='-'&&b==')') return '>';
else if(a=='-'&&b=='#') return '>';
else if(a=='*'&&b=='+') return '>';
else if(a=='*'&&b=='-') return '>';
else if(a=='*'&&b=='*') return '>';
else if(a=='*'&&b=='/') return '>';
else if(a=='*'&&b=='(') return '<';
else if(a=='*'&&b==')') return '>';
else if(a=='*'&&b=='#') return '>';
else if(a=='/'&&b=='+') return '>';
else if(a=='/'&&b=='-') return '>';
else if(a=='/'&&b=='*') return '>';
else if(a=='/'&&b=='/') return '>';
else if(a=='/'&&b=='(') return '<';
else if(a=='/'&&b==')') return '>';
else if(a=='/'&&b=='#') return '>';
else if(a=='('&&b=='+') return '<';
else if(a=='('&&b=='-') return '<';
else if(a=='('&&b=='*') return '<';
else if(a=='('&&b=='/') return '<';
else if(a=='('&&b=='(') return '<';
else if(a=='('&&b==')') return '=';
else if(a=='('&&b=='#') return '\0';
else if(a==')'&&b=='+') return '>';
else if(a==')'&&b=='-') return '>';
else if(a==')'&&b=='*') return '>';
else if(a==')'&&b=='/') return '>';
else if(a==')'&&b=='(') return '\0';
else if(a==')'&&b==')') return '>';
else if(a==')'&&b=='#') return '>';
else if(a=='#'&&b=='+') return '<';
else if(a=='#'&&b=='-') return '<';
else if(a=='#'&&b=='*') return '<';
else if(a=='#'&&b=='/') return '<';
else if(a=='#'&&b=='(') return '<';
else if(a=='#'&&b==')') return '\0';
```

```
        else if(a=='#'&&b=='#') return '=';
        else return '\0';
}
public static void main(String[] args) throws IOException{
    //用来存放运算符的栈
    StackList<Character> OPTR=new StackList<Character>();
    //用来存放操作数的栈
    StackList<Integer> OPND=new StackList<Integer>();
    int a=0,b=0;
    char ch,s;
    int[] number = new int[8];
    int tmp=0,i, length=0;
    OPTR.push('#');
    System.out.println("请输入一个表达式,要求以#结尾:");
    ch=(char)System.in.read();
    while((ch!='#')||(OPTR.top()!='#')){
        if (ch>='0'&&ch<='9'){
        //如果是多个连续的数字字符,则将该连续的数字字符暂存到
        //number数组里
            do{
                number[length++]=ch;
                ch=(char)System.in.read();
            }while( ch>='0'&&ch<='9');
            if(length>=8){
                System.out.println("operand is too large!");
                return ;
            }
            //将number数组里的连续的数字字符转换为数字
            for(i=0;i<=length-1;i++)
                tmp+=(int)((number[i]-48)*Math.pow(10,length-i-1));
            OPND.push(tmp);
            tmp=0;
            length=0;
        }else if(ch=='+'||ch=='-'||ch=='*'||ch=='/'||ch=='('||ch==')'||ch=='#'){
            switch(precede(OPTR.top(),ch)){
                case '<':
                    OPTR.push(ch);
                    ch=(char)System.in.read();
                    break;
```

```
                    case '=':
                        OPTR.pop();
                        ch=(char)System.in.read();
                        break;
                case '>':
                        s=OPTR.pop();
                        b=OPND.pop();
                        a=OPND.pop();
                        OPND.push(operate(a,s,b));
                        break;
                default:
                        System.out.println("输入错误,请按表达式格式书写!");
                        return;
            }
        }else{
            System.out.println("输入错误,请按表达式格式书写!");
            return ;
        }
        System.out.println("表达式的结果为:"+OPND.pop());
        return ;
    }
}
```

【运行】

请输入一个表达式,要求以#结尾:

44+34*(78/2-3)#

表达式的结果为:1268

范例 8-6　打印杨辉三角,杨辉三角形的图案,如图 8-2 所示。

【分析】

图 8-2　杨辉三角形元素入队顺序

在这一部分中,我们将给出利用队列打印杨辉三角形的算法。

由上图可以看出,杨辉三角形的特点是两个腰上的数字都为1,其他位置上的数字是其上一行中与之相邻的两个整数之和。所以在打印过程中,第i行上的元素要由第i-1行中的元素来生成。我们可以利用循环队列实现打印杨辉三角形的过程。在循环队列中依次存放第i-1行上的元素,然后逐个出队并打印,同时生成第i行元素并入队。在整个过程中,杨辉三角形中元素的入队顺序,如图8-3所示。

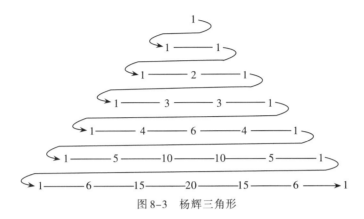

图8-3 杨辉三角形

下面以用第6行元素生成第7行元素为例,来看一下具体操作。

(1)第7行的第一个元素1入队。

queue.put(1);

(2)循环做以下操作,产生第7行的中间5个元素并入队。

item=queue.get();

System.out.printf("%4d",item);   //打印第n-1行的元素

head=queue.getFirst();

item=item+head;   //利用队中第n-1行元素产生第n行元素

queue.put(item);;

(3)第6行的最后一个元素1出队。

head=queue.get();

(4)第7行的最后一个元素1入队。

queue.put(1);

另外应该注意,所打印的杨辉三角形的最大行数一定要小于循环队列的MaxSize值。当然,本例用Java提供的Queue接口也完全可以实现。

```java
import java.util.LinkedList;
import java.util.Scanner;
class Queue<T>{
    private LinkedList<T> list = new LinkedList<T>();
    public void put(T v){
        list.addFirst(v);
    }
    public T getFirst(){
```

```java
                return list.getFirst();
            }
        public T get(){
            if(list.isEmpty()){
                return null;
            }else{
                return list.removeLast();
            }
        }
        public boolean isEmpty(){
            return list.isEmpty();
        }
        public int size(){
            return list.size();
        }
    }
public class Queue_yh{
    static void YangHuiTriangle(){
        Queue<Integer> queue = new Queue<Integer>();
        int n,i,j,Line;
        int item,head;
        Scanner in=new Scanner(System.in);
        System.out.println("请输入行数:");
        Line=in.nextInt();
        queue.put(1);   //第一行元素入队
        for(n=2;n<=Line;n++){
            //产生第n行元素并入队,同时打印第n-1行的元素
            queue.put(1);    //第n行的第一个元素入队
            for(j=1;j<=Line-n+1;j++)System.out.printf("%2c",' ');
            //加入坐标系
            for(i=1;i<=n-2;i++){
            //利用队中第n-1行元素产生第n行的中间n-2个元素
                item=queue.get();
                System.out.printf("%4d",item);    //打印第n-1行的元素
                head=queue.getFirst();
                item=item+head;    //利用队中第n-1行元素产生第n行元素
                queue.put(item);
            }
            head=queue.get();
```

```
            System.out.printf("%4d",head);     //打印第 n-1 行的最后一个元素
            System.out.printf("\n");     //打印完 n-1 行的元素后换行
            queue.put(1);     //第 n 行的最后一个元素入队
        }
        for(i=1;i<=Line;i++){//打印第 n 行的元素
            head=queue.get();
            System.out.printf("%4d",head);
        }
        System.out.printf("\n");
        in.close();
    }
    public static void main(String[] args){
        YangHuiTriangle();
        return;
    }
}
```

【程序运行】

请输入行数:

5↙

```
          1
        1   1
      1   2   1
    1   2   4   1
  1   2   4   8   1
```

习题八

编程题

(1)用一个链表存放若干个学生信息(如学号、姓名等),要求按照学号递增顺序排列,可以插入、删除、修改某个学生信息,可以查找某个学生的信息。

(2)已知一个有序链表,现在要求删除链表中所有重复的整数数字。

例如:输入链表:　1->1->2->2->->3

　　　　　输出:　1->2->3

(3)实现简单的链式栈,并以该栈结构辅助实现十进制转化为 $N(N \leqslant 68)$ 进制的功能。

(4)录入班级学生的姓名、学号、语文成绩、数学成绩和英语成绩,实现将学生信息按学号,姓名,总分的排序顺序分别输出。